计算机辅助设计
——基于 UG NX

王海涛　著

北京理工大学出版社
BEIJING INSTITUTE OF TECHNOLOGY PRESS

内 容 简 介

本书以 UG NX 12.0 为基础，全面系统地介绍 CAD 三维实体建模知识。本书重点介绍建模思路、建模方法、建模技巧。全书共分 UG NX 基础知识、草图设计、实体建模、空间曲线、曲面建模、装配设计以及工程图设计 7 个方面的内容。本书特色鲜明，每章的入门引例、大量应用案例、综合实例，让学习更加趣味生动，帮助读者开拓思路，快速提高 CAD 建模水平，理解和掌握灵活多样的建模方法。

本书提供配套数字资源文件，包括书中所有应用案例、综合实例和操作练习的支持文件和结果文件，综合实例的有声教学视频让学习更加直观、互动。

本书适用于机械设计 CAD 与工业设计 CAD 领域，既可作为大中专院校与职业院校的计算机辅助设计类课程用书，也可作为从事工程设计的专业技术人员的三维 CAD 学习参考用书以及 UG NX 软件操作使用工具书。

版权专有　侵权必究

图书在版编目（C I P）数据

计算机辅助设计：基于 UG NX／王海涛著． -- 北京：
北京理工大学出版社，2022.5
　　ISBN 978 - 7 - 5763 - 1314 - 7

　　Ⅰ．①计… Ⅱ．①王… Ⅲ．①计算机辅助设计 - 应用
软件 - 高等职业教育 - 教材 Ⅳ．①TP391.72

　　中国版本图书馆 CIP 数据核字（2022）第 076499 号

出版发行／北京理工大学出版社有限责任公司
社　　　址／北京市海淀区中关村南大街 5 号
邮　　　编／100081
电　　　话／（010）68914775（总编室）
　　　　　　（010）82562903（教材售后服务热线）
　　　　　　（010）68944723（其他图书服务热线）
网　　　址／http：//www.bitpress.com.cn
经　　　销／全国各地新华书店
印　　　刷／三河市龙大印装有限公司
开　　　本／787 毫米×1092 毫米　1/16
印　　　张／19　　　　　　　　　　　　　　　　责任编辑／钟　博
字　　　数／446 千字　　　　　　　　　　　　　文案编辑／钟　博
版　　　次／2022 年 5 月第 1 版　2022 年 5 月第 1 次印刷　　责任校对／刘亚男
定　　　价／88.00 元　　　　　　　　　　　　　责任印制／李志强

图书出现印装质量问题，请拨打售后服务热线，本社负责调换

前　言

UG NX 是德国西门子公司的产品全周期数字化开发集成软件，起源于 20 世纪 70 年代美国的 Unigraphics。经过几十年的发展，UG NX 技术先进，功能强大，集工程设计（CAD）、加工制造（CAM）、模拟仿真（CAE）于一体，广泛应用于航天航空、重工生产、机车制造、模具加工等机械工程领域。

本书介绍 UG NX 工程设计内容，涉及产品工业设计领域和机械设计领域，共包括 UGNX 基础知识、草图设计、实体建模、空间曲线、曲面建模、装配设计以及工程图设计 7 个方面的内容。

UG NX 是一款工程专业技术软件，学习其课程，需要有一定的专业基础，其前修课程是画法几何与机械制图、机械设计、机械零件等课程。本课程的学习可为其后续课程——计算机辅助仿真（CAE）和计算机辅助制造（CAM）的学习打好坚实的基础。在产品工程设计的基础上可以进一步进行产品的性能分析、力学模拟、运动仿真、功能检验等，借助反馈的信息进一步指导工程设计，完善产品设计。产品模拟仿真之后取其结构信息付诸加工生产，进行机床选择、刀具选择、加工工艺工序设计、刀路轨迹设计，模拟指导完成产品成品的制作。

本书内容翔实，体系完整，层次分明，章节结构合理，深度适宜，几乎涵盖了所有工程设计所涉及的绘图命令、操作命令和编辑命令。书中术语规范，语言简练，图表清晰，表述生动准确。

本书注重实践操作，每章以入门引例开始，以提高读者的学习兴趣。书中引入了大量应用案例，以加深读者对命令的理解与掌握。每章综合实例的讲解分析，可培养读者系统性的建模思路。每章配有思考题和操作题，思考题检验读者对重点和难点内容的掌握程度；操作题进一步巩固强化读者对本章内容的学习。

本书附录是三维 CAD 应用工程师资格考试真题。三维 CAD 应用工程师资格考试是面向全国工程技术人员的认证考试，是对应试人员三维 CAD 技术应用的理论知识与能力水平的测试。同时，三维 CAD 应用工程师资格证书又是机械工程领域人才选择的重要依据。

本书在撰写过程中得到了青岛理工大学机械与汽车工程学院王进、郝国祥、张琦、郑少梅、李丽华、李一楠、吕滨江、徐铁伟的大力支持和帮助，在此深表感谢。

由于作者水平有限，书中难免存在疏漏与不当之处，敬请读者批评指正。

作　者
2022 年 3 月

学习文件下载及使用说明

学习文件下载方法：

路径1（PC端/移动端通用）： 关注微信公众号"理工智荟样书系统"，点击界面下方"书目－本科"，进入新页面后，点击"我的"，按照相关提示完成账号注册，然后点击"书目－本科－机械类"，搜索到本书，点击图书页面下方"下载资源"，即可下载本书学习文件。

理工智荟样书系统

路径2（移动端可用）： 扫描下方二维码，下载本书学习文件。

学习文件

学习文件使用说明：

学习文件包含全书七个章节的视频和模型文件资料，每章的文件夹 Chapter 中通常含有3个文件夹：MP4、Support、Finish，分别存放每章入门引例和综合实例的有声教学视频、支持文件和完成文件。其中，第4章无支持文件；第6章由于完成文件需要支持文件的资料，二者均放置在一个文件夹中，完成文件标识后缀 finish。

视频文件采用中文命名，为了方便学习，可以直接在文件夹中打开学习；也可以通过手机在书中二维码位置扫码播放学习。如果某个视频播放软件打不开，可尝试更换其他视频播放软件。

模型文件全部采用英文及数字序号命名，如：YL—入门引例，ZHL—综合实例，AL3－9—应用案例3－9。

读者下载模型文件时注意不要存放在中文路径下，以 UG NX 软件打不开支持文件和完成文件。

目 录

第1章
UG NX 基础知识

作为一款三维绘图软件，UG NX 技术前瞻，功能强大，内容丰富，是集工程设计、加工制造、模拟仿真于一体的工程智能化软件，广泛应用于航天航空、机车制造、重工生产、模具加工、船舶焊装等领域。UG NX 不仅是一款绘图工具，且日益成为工程技术人员必须掌握的一门操作技能，服务于产品设计开发、分析计算、加工制造的全过程控制、跟踪与管理。

学习目标 ▶▶ ▶

- ※ UG NX 软件简介
- ※ UG NX 工作界面
- ※ UG NX 基本操作
- ※ UG NX 坐标系

1.1 UG NX 软件简介

UG NX 是德国西门子公司旗下的产品全周期数字化开发集成软件。UG NX 起源于 20 世纪 70 年代美国的 Unigraphics，经过几十年的发展，几代人的努力，伴随着计算机技术的突飞猛进，UG NX 技术逐渐成熟，功能日臻完善。在 20 世纪八九十年代，拥有三维实体建模功能的 UG NX 作为工程机械领域的奢侈品，以其高昂的价格以及对计算机软、硬件的高性能要求，仅在我国实力雄厚的国企以及国防、军工企业中使用。随着个人计算机的普及以及同类三维建模软件的兴起，如法国达索公司的 Solidworks、Catia，美国参数技术公司的 Pro/E、Creo 等，UG NX 于 2000 年后在我国逐渐推广开来。UG NX 是机械工程领域技术先进、用途广泛、市场占有率高的产品设计、分析、制造软件。

UG NX 涉及工程专业领域广泛，博大精深，功能完备，致力于完成产品生命周期的三大任务：计算机辅助设计（CAD）、计算机辅助制造（CAM）和计算机辅助仿真（CAE）。

计算机辅助设计主要针对产品的设计，包括产品的外观设计、三维模型设计、零部件装配、工程图绘制等。

本书的学习内容包括平面草图绘制、空间曲线绘制、空间曲面模型建立、三维实体模型建立、零部件装配以及工程图设计。

产品的设计分为两个方向：产品的机械设计和产品的外观设计。

产品的机械设计具有统一性、互换性、简易性、易于绘图（机械制图）的特点。

针对产品的机械设计，比如机械零件设计，人们建立了许多标准，标准件可以通用，可以互换，比如螺栓、螺母、齿轮、轴承，磨损或坏掉可以直接换新的。机械零件在满足使用要求的前提下，希望做得越简单越好，这样可以节约材料成本，降低加工制作成本。大部分机械零件都做成规则的、圆整的形状结构，尽量避免异形的空间曲面，这样易于测量，易于机械制图，易于加工。

与产品的机械设计相反，产品的外观设计具有独特性、创造性、复杂性、难以复制和艺术性的特点。

任何厂家都希望其产品在世界上是独一无二的，不希望重样。产品有创造性、新颖性才能赢得市场、占领市场。为了增加卖点，增强市场竞争力，产品的功能都做得尽可能多，则其结构自然就复杂。畅销产品的厂家都不希望产品被复制，被抄袭，因此，它们倾向于将产品的外观做成复杂的空间曲面。小到家电产品的外形，大到轿车的车身，比如宝马跑车的外形，如果仿造只能无限接近，但不可能做到完全一样。产品的外观曲面是不易测量，不易机械制图的。另外，产品在使用过程中还要给人以美的享受，这是艺术性的要求。

产品的机械设计主要针对机械设备的零部件，重点考虑一定的机械性能和功能。

产品的外观设计主要针对工业设计领域，比如各种各样的塑料制品、家电产品的外壳、车身造型等，设计中曲面建模用得较多。

计算机辅助制造主要是针对产品设计完成之后的加工制造环节，包括刀具的选择、加工轨迹的设计、机床的选择、加工工艺的设计等。不同的材质、不同的结构、不同的形位公差、不同的粗糙度要求，采用的加工工艺、加工工序不同；不同的工艺、工序，粗加工、精加工，采用的刀具和设计的走刀路线不同，这些都涉及计算机辅助制造的内容。

计算机辅助仿真主要针对产品设计完成之后的模拟与仿真环节，包括运动仿真、力学仿真、结构分析、干涉检查等。产品设计好后，通过模拟运动分析其是否满足功能要求，是否满足力学性能要求，在运动过程中是否有碰触干涉等情况。

UG NX 具有以下几个方面的特点。

（1）UG NX 提供了产品生命全周期解决方案，产品设计交付后进行分析计算，分析计算反馈影响产品设计，最后交付加工制造，直到成品下线，完成了产品的孕育→胚胎→成品的全过程。

（2）UG NX 是一个全三维、双精度系统，用户在建模过程中可以任意分解和组合形状，进行精确的几何形状描述和数据处理。

（3）UG NX 的复合建模自由灵活，将特征建模、参数化建模、几何建模、线框建模融为一体。

（4）UG NX 数据库支持多种数据格式，这为文件的外部识别及外部文件的内部引用提供了便利。

（5）UG NX 三维实体绘图与平面二维机械制图相比具有无比强大的优势，让看图识图变得没有障碍，让用户在看图过程中避免识图错误，在绘图过程中可以随时发现问题，及时纠错，可以清楚地表达零部件的相对位置和装配关系，能够动态地观察零部件的拆装过程。

（6）UG NX工作界面清晰，赋予了鼠标更多操控功能，键盘的快捷键自定义组合增加了软件的便捷性，人机交互响应快，绘图自由灵活。

（7）UG NX预留二次开发接口，可以进行专业特色模块制作，具备按需定制和自我完善的功能。

1.2　UG NX 工作界面

打开UG NX软件，新建一个UG模型文件或打开一个UG模型文件，进入UG NX工作界面。UG NX工作界面可分为7个区域：标识栏、工具栏、菜单栏、名称栏、资源栏、绘图区和提示栏，如图1-1所示。

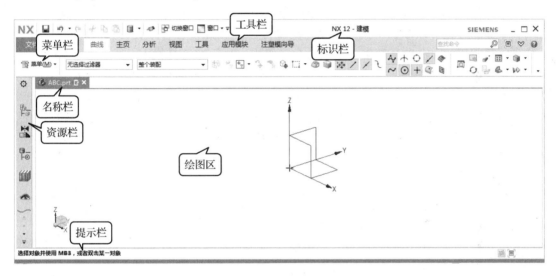

图1-1　UG NX工作界面

1. 标识栏

标识栏标识了UG NX软件版本号及当前的模块环境。如图1-1所示，标识栏中的"NX12-建模"表示所使用的是UG NX 12.0版本软件，当前是在建模模块下打开和编辑文件。

2. 工具栏

工具栏是放置命令组的区域，这些命令组是为了便于操作放置于桌面上的，每个命令组又由多个命令项组成。命令组在工具栏中可以打开，可以关闭；命令组中的命令项也可以打开或关闭。打开的命令组和命令项都可以根据个人喜好放置于需要的位置。

将鼠标放置于工具栏空白处，单击鼠标右键，弹出工具栏快捷选项，如图1-2所示。其中列举了命令组类的名称，勾选对号的表示该类命令组打开；无对号标记的表示该类命令组处于关闭状态，此时单击可以按类打开或关闭命令组。

将鼠标放置于工具栏某一类命令组，单击可打开其包含的所有命令组及各命令组的命令项。如图1-3所示，单击打开工具栏中的"曲线"类命令组，内部包含"直接草图""曲线""编辑曲线"命令组，各命令组又包含许多命令项，这些命令项均可单击打开使用。对于命令组和命令项在工具栏中的显示与关闭，可以在命令组空白处单击鼠标右键，在弹出的命令组和命令项上勾选或取消勾选即可。

将鼠标放置于工具栏中某项命令上单击鼠标右键，比如"曲线"命令组中的"直线"命令，弹出命令项快捷选项，如图1-4所示，选择【从曲线组中移除】选项可以关闭该命令，也可以将该命令单独放置于视窗的上方、下方、左侧或右侧位置。

在工具栏的空白处或命令项上单击鼠标右键，弹出的快捷选项中都含有"定制"选项，选择"定制"选项会弹出【定制】对话框，如图1-5所示。在"命令"选项卡中可以选中某一项命令按住鼠标左键拖动添加到任何一个命令组中。这样一个命令组中的命令项可以增加，也可以删除，并且可以添加不同命令组中的命令项。如此设置可以让操作者将最常用的命令项全部集中于一个命令组中，显示在工具栏上，其余的命令组尽可能关闭，一方面使桌面整洁明了，另一方面节省了更多桌面空间，便于绘图。在【定制】对话框的"选项卡/条"选项卡中可以直接按类打开或关闭一些命令组。在"快捷方式"选项卡中可以设置命令的快捷键。在"图标/工具提示"选项卡中可以调整工具栏的显示式样。

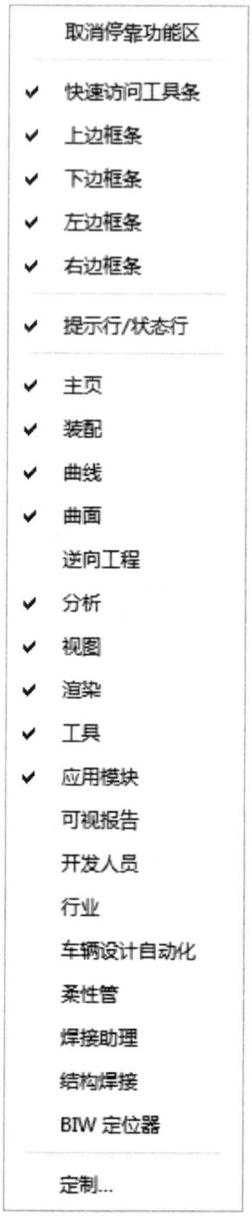

3. 菜单栏

菜单栏存放着当前模块下几乎所有 UG NX 命令，包括绘图命令、操作命令、设置命令、编辑命令等。不同模块的菜单栏中的命令项是不同的，建模模块有相关的绘图设计、编辑等命令，制图模块有相应的图纸、视图创建等命令，加工制造模块有刀具、机床、工艺设计等命令，仿真模块有运动、计算等命令。

UG NX 采用灵活多样的绘图方式，比如同一个绘图命令、编辑命令，可以从菜单栏中选择，也可以从工具栏中选择，其操作各有利弊。

工具栏中的命令位于桌面上，绘图使用时拾取方便、快捷，但桌面上有过多的命令会显得凌乱、不整洁，同时也占用绘图区的空间。假如过多地依赖工具栏，更换计算机绘图时会比较被动，因为其桌面不一定放置原来习惯使用的命令，即使有放置的位置也不一样，需要重新调整定制命令，反而降低绘图效率。

使用菜单栏中的命令，由于有些命令在若干子菜单下，所以绘图有时需要单击多次才能调用到命令，会降低效率，但是，菜单栏中的命令位置是固定不变的，熟悉之后选取也比较方便，不受人为设置的影响；同时，应尽可能地关闭工具栏，以节省绘图区域的空间，这样视野开阔，桌面也干净整洁。

因此，建议初学者尽可能地使用菜单栏中的命令进行学习、操作，本书也是以菜单栏中的命令选取为例进行讲解，当然这些命令都可以从工具栏中调整得到，读者可以根据自己的喜好选择。

图1-2 工具栏
快捷选项

取消停靠功能区

✓ 快速访问工具条
✓ 上边框条
✓ 下边框条
✓ 左边框条
✓ 右边框条

✓ 提示行/状态行

✓ 主页
✓ 装配
✓ 曲线
✓ 曲面
　 逆向工程
✓ 分析
✓ 视图
✓ 渲染
✓ 工具
✓ 应用模块

　 可视报告
　 开发人员
　 行业
　 车辆设计自动化
　 柔性管
　 焊接助理
　 结构焊接
　 BIW 定位器

　 定制...

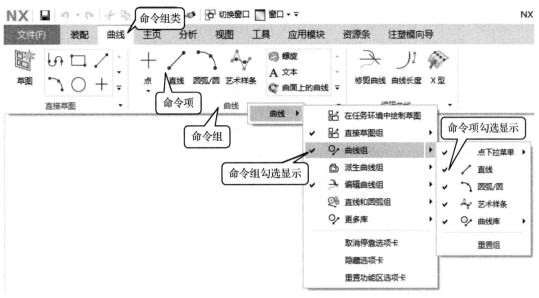

图1-3 "曲线"类命令组、命令项

图1-4 "直线"命令项快捷选项　　　　　图1-5 【定制】对话框

4. 名称栏

名称栏显示所有打开的文件名称，可以切换不同文件在窗口中的显示。如图1-1中的名称栏表示当前只打开了一个文件"ABC. prt"在窗口中显示。

5. 资源栏

资源栏也叫作资源条，通常以树结构的形式记录草图绘制、特征设计、部件装配、图纸设计等的对象信息和操作步骤，用户可以直接在其创建过程中和历史记录中进行检查、修改和编辑，它实现了工作过程的可追溯性。常用到的选项有部件导航器，装配导航器，约束导航器，在以后的章节中会具体学习其使用与操作方法。

单击资源栏中的"角色"按钮 ，弹出【角色】资源栏，如图 1-6 所示。这是西门子公司针对不同的客户群体制定的不同的 UG NX 软件使用体验，分为基本功能角色和高级功能角色，前者工作界面工具栏中的命令组少，菜单栏也仅有基本的设计与编辑命令；后者则具有完整的菜单，涵盖所有命令，功能强大，针对的目标客户群体是使用该软件的经验丰富的设计工程师与专家。初期使用 UG NX 软件时，假如发现工作界面简化，菜单栏命令缺失不全，这是因为系统默认使用基本功能角色，需要打开【角色】栏，选择"角色高级"选项，调整为具备完整菜单功能的高级角色。

6. 绘图区

UG NX 工作界面的中央空白区域是绘图区，它相当于一张大白纸或绘图板，用于绘制图形、创建模型、模拟运动、分析结果等。

7. 提示栏

在绘图区的下方是提示栏，用于提示下一步做什么，如何做。对于初学者，对一些命令的操作不熟悉时，要常看提示栏，以加深对命令的理解。

图 1-6 【角色】资源栏

1.3 UG NX 基本操作

1.3.1 文件管理

1. 新建文件

选择【菜单】→【文件】→【新建】命令，弹出【新建】对话框，如图 1-7 所示。按图所示选择文件所属模块，设定单位，输入文件名称，指定文件保存文件夹，单击"确定"按钮，完成新文件的创建。需要注意，文件名称、存放路径以及文件夹名称不要包含汉字，UG NX 软件通常不识别中文，使用中文容易造成文件打不开、文件保存过程中数据信息丢失等问题。

【新建】对话框中共有十几个模块可供选择：模型、图纸、仿真、加工、检测、机电概念设计、船舶整体布置、增材制造、生产线设计等。每个模块下又有若干子模块，比如模型模块下有模型、装配、NX 钣金、逻辑布线等子模块。每个模块都是 UG NX 为完成不同的任务要求而开发设计的，比如针对产品设计的建模模块、针对产品加工制造的加工模块以及针对产品使用的仿真模块，其设计思路、运算方法、表达方式是截然不同的，因此其界面视窗，表现风格，关键是设计、操作、编辑、设置命令都是不同的。

UG NX 初学者主要使用建模模块、装配模块和图纸模块，完成产品的工业设计、零部件的机械设计与装配以及工程出图等任务。随着 UG NX 软件学习的深入，工程专业领域的拓展与细化，会逐步学习使用加工、仿真、机电概念设计、船舶结构等专业化模块。

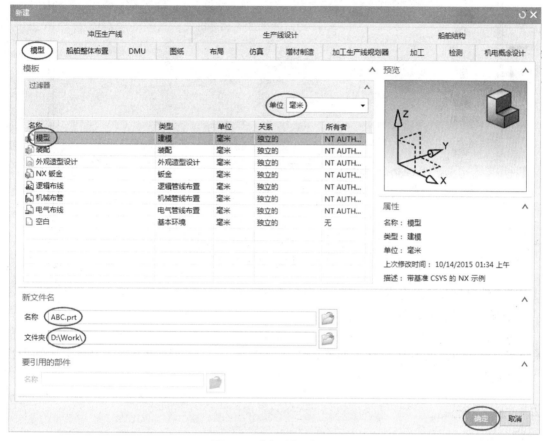

图1-7 【新建】对话框

2. 保存文件

在文件编辑过程中，为了防止意外丢失数据，需要及时保存文件。选择【菜单】→【文件】→【保存】命令，可以保存文件。若需要对文件保存副本，则选择【菜单】→【文件】→【另存为】命令，弹出【另存为】对话框，如图1-8所示，选择存放路径，输入另存的文件名与保存类型，单击"OK"按钮即可。

3. 关闭文件

关闭文件的操作比较灵活，可以保存当前进行的编辑后关闭文件，可以不保存当前进行的编辑关闭文件，也可以将文件保存为另一个文件后关闭文件等。

选择【菜单】→【文件】→【关闭】选项，弹出关闭文件的选项，如图1-9所示，选择一项即可。

通常关闭文件是直接单击文件名称右侧的 × 按钮，弹出图1-10所示的【关闭文件】对话框，可选择保存并关闭文件或不保存直接关闭文件。假如文件在编辑过程中已经保存

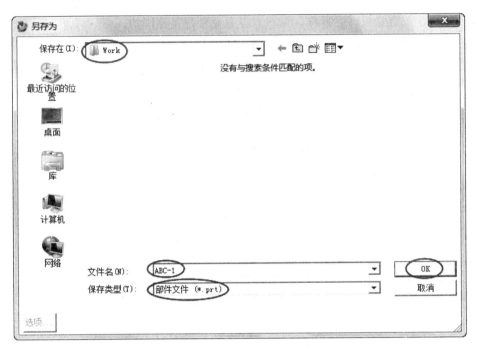

图 1-8 【另存为】对话框

过，或文件只打开还没有进行编辑，此时单击文件右上方的 × 按钮，则直接关闭文件而不弹出【关闭文件】对话框。

注意：关闭文件时不要误操作——单击软件右上方的 × 按钮，它是整个 UG NX 软件的关闭和退出按钮，也不要选择【菜单】→【文件】→【退出】命令，这也将关闭和退出 UG NX 软件。

图 1-9 关闭文件的选项

图 1-10 【关闭文件】对话框

4. 打开文件

打开已经存在的文件并进行编辑修改时，选择【菜单】→【文件】→【打开】命令，弹出【打开】对话框，如图 1-11 所示，找到文件所属的文件夹，单击选取需要打开的文件，单击"OK"按钮，即可打开已经存在的文件。

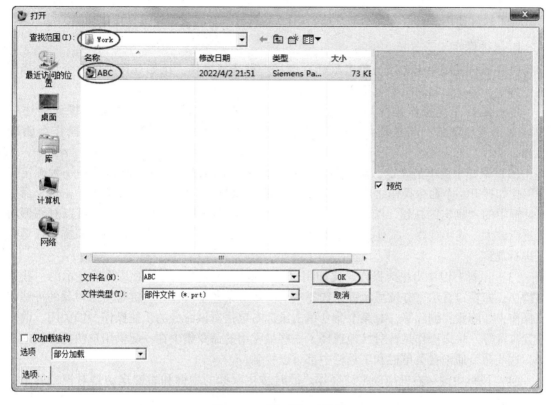

图1-11 【打开】对话框

UG NX可以新建多个文件，也可以打开多个文件，其工作界面也支持多个视窗显示。单击最上方工具栏的【窗口】命令按钮，弹出图1-12所示的选项栏，目前共打开了4个文件"ABC-1. prt""ABC-2. prt""ABC-3. prt""ABC-4. prt"，可以根据需要按多种窗口布局方式显示这些文件。

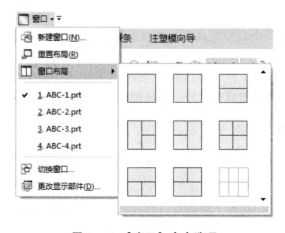

图1-12 【窗口】命令选项

1.3.2 鼠标与键盘操作

为了软件使用的自由、灵活与快捷，UG NX 具有丰富的鼠标与键盘操作功能。

1. 鼠标操作

（1）鼠标左键单击选择。单击鼠标左键是一种选择操作，比如选择菜单命令、选择工具栏命令、选择绘制的图形对象等。

单击鼠标左键操作是使用软件过程中进行得最多的操作，在本书命令操作描述中的"单击""双击"均是指鼠标左键的单击操作，对于鼠标中间和右键的操作会明确指出。

（2）鼠标中键单击确定、滚动缩放、拖动旋转。单击鼠标中键（滚轮）是一种确定操作，比如打开一个命令操作之后，单击鼠标中键，完成该命令的执行，相当于单击这个命令对话框中的"确定"按钮。滚动鼠标中键（滚轮）是对视窗进行缩放操作，可以对图形对象进行放大、缩小观察。按住鼠标中键拖动是对视窗旋转操作，可以对图形对象旋转任意角度进行观察。

（3）鼠标右键单击快捷操作。比如用鼠标右键单击视窗的空白处是关于显示的一些快捷操作，如窗口显示、方位显示等；选择一个图形对象并单击鼠标右键是对该对象的一些快捷操作，如隐藏、删除等，对某个命令单击鼠标右键是对该命令的快捷操作，如关闭、改变放置位置等。快捷操作是针对性地选择了一些最常用的命令集中在一起供用户快捷方便地选择，这些命令通常在菜单栏和工具栏中都可以找到。

（4）鼠标中键 + 右键拖动平移操作。同时按住鼠标的中键和右键拖动是对视窗的平移操作。该操作使用频繁，可以移动观察视窗之外的图形对象。

（5）鼠标左键 + 中键拖动缩放操作。同时按住鼠标的左键和中键可以对视窗对象进行放大或缩小操作。该操作基本不用，通常通过鼠标中键（滚轮）进行视窗的缩放操作。

2. 键盘操作

常用的键盘操作有：Enter 键用于确定操作，相当于单击鼠标中键，也相当于单击一个命令对话框中的"确定"按钮或在浮动文本框中确定输入值；Tab 键用于切换不同文本框的参数选择或输入；Esc 键取消操作，比如取消一个命令的选择、取消所有对象的选择等；Shift 键用于取消某个或几个对象的选择，按住 Shift 键再单击已经选择的某个或几个对象可以取消其选择；Delete 键用于删除图形对象；Ctrl 键用于快捷键组合，比如"Ctrl + S"组合键的作用是保存文件，"Ctrl + F"组合键的作用是对视窗进行最大化显示，快捷键组合方式需要在软件使用过程中逐步积累和掌握，快捷键组合方式是可以自定义设置的。

1.3.3 对象选择

对某个或某些图形对象操作编辑时，需要对其进行选择，选择对象有多种方式。

1. 单个选择

将鼠标移动到某个图形对象上单击可以对其进行选择，这是对图形对象进行单个、逐个的选择。

2. 矩形框选、圆形或套索圈选

单击位于菜单栏中的"多选手势下拉菜单"箭头，弹出 □ 矩形 ○ 套索 ⊙ 圆 ，选择"矩形""套索"或"圆"方式，然后在视窗中单击或拖动鼠标可以通过矩形框选、套索圈选或圆形圈选其中的对象。这是快速选择多个对象的方法。

3. 分类选择

分类选择是按图形对象的类型进行选择，比如只选择实体、曲面或曲线对象等。单击菜单栏中的"类型过滤器"栏，弹出图 1－13 所示类型过滤器选项，选择一种类型，比如"实体"，这样可以通过鼠标框选或圈选所有的对象，但其中只有实体对象被选中。这是同时选择多个同一类型对象的方法。

4. 多边形选择

选择【菜单】→【编辑】→【选择】→【多边形】命令，通过鼠标点击绘制多边形来选择其中包含的对象。这同矩形框选和圆形、套索圈选类似，但多边形选择可以任意灵活地选择众多杂乱分布在一起的对象。完成多边形绘制时需要单击鼠标中键确认。

5. 全选、全取消

选择【菜单】→【编辑】→【选择】→【全选】/【全不选】命令，可以对视窗中所有的对象进行选择或者对已选择的所有对象取消选择。通常对对象全部取消选择不在菜单栏中操作，而是按 Esc 键。

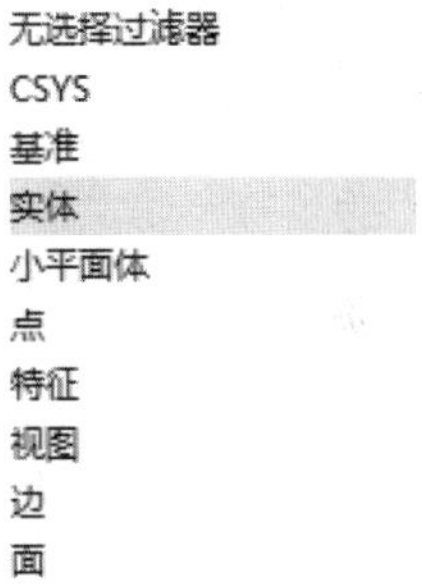

无选择过滤器
CSYS
基准
实体
小平面体
点
特征
视图
边
面

图 1－13 类型过滤器选项

1.3.4 对象与视窗显示

对象与视窗显示包括设置对象显示的样式、方位以及视窗的缩放、旋转、平移等。

1. 对象显示

选择【菜单】→【编辑】→【对象显示】命令，弹出【类选择】对话框，如图 1－14 所示，单击选择某一对象，单击"确定"按钮后弹出【编辑对象显示】对话框，如图 1－15 所示，可以设置所选择对象的显示颜色、线型、线宽、透明度等。

2. 渲染样式

渲染样式是指所创建的对象以什么样的式样表现出来。将鼠标放置于视窗空白处，单击鼠标右键选择【渲染样式】命令，弹出渲染样式选项，如图 1－16 所示，选择相应选项可以使实体模型或曲面片体变成带边着色、着色、静态线框等形式。

3. 方位显示

在视窗的空白处单击鼠标右键，选择【定向视图】命令，弹出方位显示选项，如图 1－17 所示，共有 8 种方位可供选择：正三轴测图、正等测图、俯视图、前视图、右视图、后视图、仰视图和左视图。前 2 项是实体状态视图，后 6 项是经过一定方式的投影生成的平面二维图形。该操作经常使用，在视窗方位比较乱时，可以通过视窗空白处单击鼠标右键再选择【定向视图】→【正三轴测图】或【正等测图】选项调正。

4. 视窗显示

在视窗的空白处单击鼠标右键，弹出视窗显示选项，如图1-18所示。选择 🔄 刷新(S) 选项是在一些编辑修改之后进行的视窗更新显示；选择 🎯 适合窗口(F) 选项是将所有对象在视窗中最大化地显示出来；选择 🔍 缩放(Z)、🖐 平移(P)、🔄 旋转(O) 选项分别是对视窗进行缩放、平移或旋转操作，这些操作基本不用，因为通过鼠标进行视窗的缩放、平移、旋转操作更加方便快捷。

图1-14 【类选择】对话框

图1-15 【编辑对象显示】对话框

1.3.5 对象显示与隐藏

对于绘制好的图形，特别是在包含许多图形元素时，为了便于观察、修改和编辑，经常使用显示与隐藏操作，有选择地隐藏一些图像，显示一些图像，以防止对一些图像误操作。

选择【菜单】→【编辑】→【显示和隐藏】命令，弹出【显示和隐藏】子菜单，如图1-19所示。

选择子菜单中的【显示和隐藏】命令，弹出【显示和隐藏】对话框，如图1-20所示，通过该对话框可进行分类显示与隐藏操作，按实体、片体（曲面）、曲线、基准等类型显示

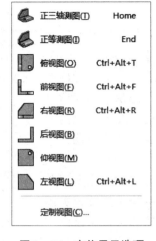

图1－16　渲染样式选项　　　图1－17　方位显示选项　　　图1－18　视窗显示选项

或隐藏对象，单击各类型后面的加号**＋**，该类型对象全部显示出来；点击减号**－**，该类型对象全部隐藏起来。

选择子菜单中的【隐藏】或【显示】命令，弹出图1－14所示的【类选择】对话框，选择原来显示现在需要隐藏的对象，单击"确定"按钮，该对象便隐藏起来；或者选择原来隐藏现在需要显示的对象，单击"确定"按钮，该对象便显示出来。

选择子菜单中的【反转显示和隐藏】命令，可将原来隐藏的对象显示出来，同时将原来显示的对象隐藏起来。这对分批次进行图形对象的修改编辑非常实用。

选择子菜单中的【立即隐藏】命令，此时，选择哪个对象，哪个对象便立即隐藏，不经过命令对话框的选择与操作。

选择子菜单中的【全部显示】命令，可将原来隐藏的所有对象全部显示出来。

图1－19　【显示和隐藏】子菜单

图1－20　【显示和隐藏】对话框

1.3.6　图层管理

当绘制的图形复杂，模型繁多，元素对象成百上千时，为了便于管理、编辑和操作，需要使用图层管理功能。

1. 图层设置

选择【菜单】→【格式】→【图层设置】命令，弹出【图层设置】对话框，如图 1 – 21 所示。"名称"栏中列有 1 和 61 两个图层，1 图层后标有"工作"，表示该图层是当前的工作图层，当前所进行的图形绘制、编辑和修改操作均是在该图层内完成的。双击 61 图层，则 61 图层变成工作图层，下一步操作则是在 61 图层内进行的。图层后的"对象数"表示该图层内包含多少个图形对象。在图层前面的方框内进行勾选可控制该图层处于打开或关闭状态。在图层后面的方框内进行勾选可控制该图层对象是仅显示还是可以被编辑修改。此操作可用于对一些图形对象只希望显示参考而不希望被修改的情况，将这些对象放置于同一个图层中设置成仅可见即可。如果需要在一个新的图层内绘制图像，则在对话框中的"工作图层"框中输入一个图层号，比如"2"，再按 Enter 键即可，这时可以看到"名称"栏中多了一个 2 图层，并且该图层目前处于工作状态，此后绘制的一些图形则放置在 2 图层内。

这里要明确一个概念，设置一个新图层并非新建一个图层，因为 UG NX 软件为每个文件均设置有 256 个备用图层，新建的文件最初均在 61 图层放置了一个基准坐标系供绘图参考，其余图层均为空置状态，供绘图者设置使用。通常在【图层设置】对话框的"显示"下拉列表中选择"含有对象的图层"选项，那么在"名称"栏中仅显示有工作图层

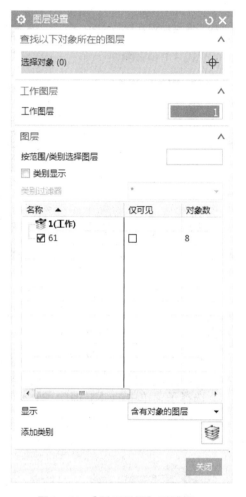

图 1 – 21 【图层设置】对话框

和含有图形对象的图层，这样简洁明了。假如在"显示"下拉列表中选择"所有图层"选项，便可看到在"名称"栏中共有 256 个图层陈列其中。

这里还要理解关闭图层和隐藏对象的关系。将一个图层所含有的对象逐个隐藏，与将该图层关闭相比，外观上这些图形对象都不可见，不可进行编辑与修改，但是隐藏对象的图层仍处于打开的状态，还可以在其中绘制图像；而关闭图层后则不能再在其中绘制图像。隐藏对象操作大多用于图形对象较少，模型文件较为简单的情况；当设计的图形对象繁多，模型文件复杂时，按图层管理操作更为简捷。

2. 图层间移动对象

如果需要将在一个图层中绘制的图形对象移动到另一个图层，就要对该图形对象进行图层间的移动操作。

选择【菜单】→【格式】→【移动至图层】命令，弹出图 1 – 14 所示的【类选择】对话框，单击选择需要进行图层移动的对象，单击"确定"按钮之后弹出【图层移动】对话框，如图 1 – 22 所示，在"目标图层或类别"框中输入需要移动到的图层号，单击"确定"

按钮，完成操作并退出对话框。此时可以选择【菜单】→【格式】→【图层设置】命令，在【图层设置】对话框中，通过打开、关闭图层，查看对象被移走的图层是否不再含有被移动走的对象，移动到的图层是否多了移动来的对象。

【图层移动】对话框的底端有"确定""应用"和"取消"3个按钮。这3个按钮的操作区别在于：单击"确定"按钮是执行所做的操作并退出对话框；单击"应用"按钮是执行所做的操作但不退出对话框，该对话框仍继续等待重复操作；单击"取消"按钮是不执行操作并退出对话框。通常的命令操作只执行一次，所以最后通常单击"确定"按钮完成操作并退出对话框，它相当于先单击"应用"按钮执行操作，再单击"取消"按钮退出对话框。

3. 图层间复制对象

如果需要对一些图形对象进行编辑修改，同时保留副本，可以将这些图形对象复制到一个新的图层中留做备份，编辑修改原图层的图形对象，这时就要用到图层间复制对象操作。

选择【菜单】→【格式】→【复制至图层】命令，弹出图1-14所示的【类选择】对话框，单击选择需要复制的对象，单击"确定"按钮之后弹出【图层复制】对话框，如图1-23所示。在"目标图层或类别"框中输入需要复制到的图层号，单击"确定"按钮，完成操作并退出对话框。此时可以选择【菜单】→【格式】→【图层设置】命令，在【图层设置】对话框中，通过打开、关闭图层，查看是否对象复制到的图层和原图层均含有复制的对象。

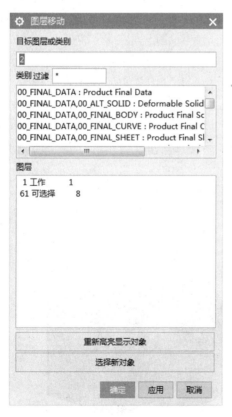

图1-22　【图层移动】对话框

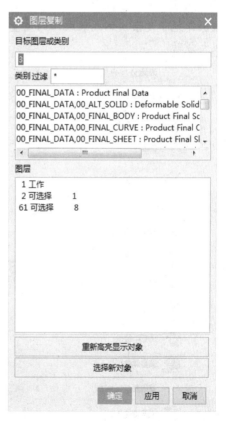

图1-23　【图层复制】对话框

1.3.7　数据测量

数据测量是对图形元素、对象进行的一些数据信息测量分析。

选择【菜单】→【分析】命令，弹出【分析】子菜单，如图 1-24 所示。通过该子菜单中的命令可以测量点、线、面相互之间的距离，测量曲线长度、半径，测量线、面相互之间的角度，测量曲面、实体表面的面积，测量实体的体积，测量实体的质量、质心以及惯性矩等信息。

应用案例1-1　测量实体质量与质心

打开支持文件"1-1.prt"，如图 1-25 所示，测量该实体的质量和质心。测量一实体模型的质量首先需要赋予其密度。选择【菜单】→【编辑】→【特征】→【实体密度】命令，弹出【指派实体密度】对话框，如图 1-26 所示。单击选择该实体，在"实体密度"框中输入"8400"，即黄铜材料的密度，单击"确定"按钮执行命令并退出对话框。

选择【菜单】→【分析】→【高级质量属性】→【高级重量管理】命令，弹出【重量管理】对话框，如图 1-27 所示。单击上方的"工作部件"按钮，弹出【信息】对话框，如图 1-28 所示，UG NX 软件自动分析的实体模型的质量、质心、惯性矩等信息全部列于其中。

该操作免于复杂实体或装配体的质量、重心的人工计算，对机体的吊运、安装、平衡分析有极大帮助。

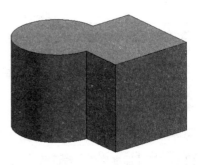

图 1-24　【分析】子菜单　　　　　图 1-25　异形体

图1-26　【指派实体密度】对话框　　　　图1-27　【重量管理】对话框

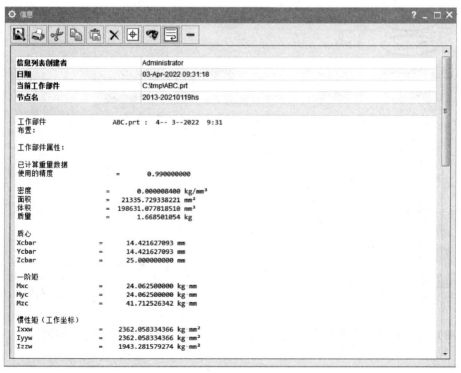

图1-28　【信息】对话框

1.3.8　首选项设置

首选项设置主要用于图形绘制之前的一些设置，比如设置命令的字体大小，绘制图形的线型、线宽、颜色，视窗背景颜色，界面布置风格等。

选择【菜单】→【首选项】命令，弹出【首选项】子菜单，如图1-29所示，其中被圈住的均为经常调整的项目。比如调整视窗背景为白色，打开【编辑背景】对话框，如图1-30所示，在"着色视图"区域单击"纯色"单选按钮，在"普通颜色"处单击弹出【颜色】对话框，如图1-31所示，单击选择"基本颜色"区域右下角的白色框，两次单击"确定"按钮，完成白色视窗背景的设置。

这里需要注意，首选项也有"对象"设置，可以设置线型、线宽、线颜色等信息。【菜单】→【编辑】→【对象显示】命令也是关于线型、线宽、颜色等的设置，其与【首选项】命令的区别在于，后者具有总体性、前提性，是在图形绘制之前的设置，设置好后，以后绘制的图形的线型、线宽、颜色均依据该首选项的设置；后者只是针对所选择的个别对象进行的编辑修改。

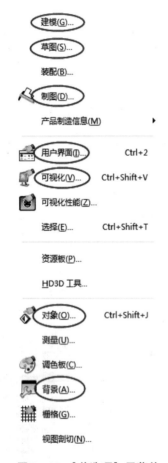

图1-29　【首选项】子菜单

图1-30　【编辑背景】对话框

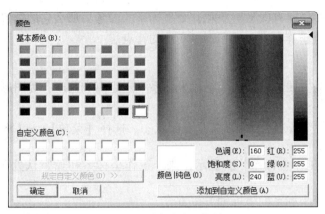

图1-31　【颜色】对话框

1.3.9　文件导出/导入

文件导出：UG NX 软件可以将完成的文件保存成其他格式，支持其他软件打开使用。比如一个实体模型文件通常保存成" .prt"格式，供 UG NX 软件自身编辑使用，也可以保存成图片格式、PDF 格式、Auto CAD 格式、CATIA 格式等。

文件导入：UG NX 软件能够打开并识别非本软件文件，比如 Pro/E、CATIA、Auto CAD 等文件。

选择【文件】→【导出】/【导入】命令，在弹出的子菜单中选择需要导出/导入的格式，根据相应的对话框提示完成操作。

1.4　UG NX 坐标系

1.4.1　UG NX 坐标系的概念

坐标系是绘制图形与创建模型的参照，在什么位置绘图，实体模型的长、宽、高尺寸是多少，必须通过坐标系才能确定。

UG NX 坐标系种类繁多，CAD 模块有设计坐标系，CAM 模块有加工坐标系，CAE 模块有运动坐标系。UG NX 坐标系看似复杂，实质归纳起来主要是三种坐标系：绝对坐标系（ACS）、工作坐标系（WCS）和基准坐标系（CSYS），这三类坐标系在不同的模块中充当设计坐标系、加工坐标系和运动坐标系的角色。

1. 绝对坐标系

绝对坐标系是 UG NX 软件内部固有的坐标系，是工作坐标系和基准坐标系的参考点，是为所有图形对象提供参考的坐标系。

在绘图区的左下方有个小坐标系图标，其标识的是绝对坐标系的方位，小图标的 X 轴、Y 轴、Z 轴分别代表绝对坐标系的 X 轴、Y 轴、Z 轴方位。绝对坐标系的原点处于视窗的正中央位置。

绝对坐标系既然是所有图形对象和其余坐标系的参考，那么它的位置必然是确定的，方位也是确定的，因此它具有唯一性和不可变性的特点。

2. 工作坐标系

工作坐标系是为方便绘图，偏离绝对坐标系一定距离和角度，为图形对象提供参考的坐标系。

工作坐标系在一个新建文件中默认是关闭状态。选择【菜单】→【格式】→【WCS】→【显示】命令，这时工作坐标系显示出来。工作坐标系初始默认处于视窗的中央位置，且坐标轴方位与绝对坐标系的坐标轴方位重合。

工作坐标系只有一个，可以打开，可以关闭，但不能删除，可以根据绘图的需要进行位置与方位的调整，因此工作坐标系具有唯一性和可变性的特点。

3. 基准坐标系

基准坐标系是在绘图过程中临时插入的基准，为图形对象提供参考。

新建一个文件，系统默认在 61 图层设置了一个坐标系，该坐标系便是基准坐标系，最初默认的基准坐标系的原点位置与坐标轴方位均与绝对坐标系重合。

在绘图过程中，可以根据需要建立不同位置、不同坐标轴方位的基准坐标系，多余的基准坐标系也可以删除，因此基准坐标系可以创建多个并具有可变性的特点。

1.4.2 工作坐标系的调整

工作坐标系具有唯一性和可变性的特点，可以根据需要改变原点位置和坐标轴方位，这种改变实际是工作坐标系的一种调整。

首先打开工作坐标系，选择【菜单】→【格式】→【WCS】→【显示】命令，然后选择【菜单】→【格式】→【WCS】命令，弹出【WCS】子菜单，如图 1-32 所示，共有 7 种调整方法。

1. 动态

该方法是对工作坐标系动态地进行平移或旋转操作，生成新的工作坐标系。

选择【菜单】→【格式】→【WCS】→【动态】命令，工作坐标系变成活动状态，如图 1-33 所示，在原点处有一个小球，绕各坐标轴旋转的圆弧上也各有一个小球，各坐标轴都带有箭头。

单击原点处的小球，其颜色由黄色变成棕黄色，处于激活状态，再单击一个位置，便可动态地观察到坐标系原点被放置到了单击的新位置上。

单击各坐标轴的箭头，其颜色也由黄色变为棕黄色，该坐标轴方向被激活，此时，按住鼠标左键拖动，工作坐标系只沿该坐标轴的方向移动，移动的距离可以由鼠标动态控制，也可以在弹出的数值框中输入"距离"值后按 Enter 键，正值表示沿坐标轴正向移动，负值表示沿坐标轴反向移动。数值框的"对齐"值是设定鼠标控制动态移动的步距，比如输入"10"后按 Enter 键，这时按住鼠标左键可使工作坐标系沿该坐标轴方向以步距10 mm进行移动。此时，还可以使激活的坐标轴与某个矢量方向对齐，单击某个基准坐标系的轴、某条实体的边或某条空间直线，都可以使该坐标轴变得与选择的矢量方向平行。

单击绕各坐标轴旋转的小球，其颜色由黄色变成棕黄色，绕该坐标轴旋转方向被激活，此时，按住鼠标左键拖动，工作坐标系只绕该坐标轴方向旋转，转动的角度可以由鼠标动态控制，也可以在弹出的数值框  中输入"角度"值后按 Enter 键，正值表示绕坐标轴正向转动，负值表示绕坐标轴反向转动。数值框的"对齐"值是设定鼠标控制动态转动的角度增量，比如输入"30"后按 Enter 键，这时按住鼠标左键拖动可使工作坐标系绕该坐标轴方向以角度增量30°进行转动。

坐标轴的转动遵循右手旋转法则，伸出右手，大拇指方向指向坐标轴的正向，四指弯曲的方向表示绕该坐标轴旋转的方向，旋转的正向为四指弯曲的方向，旋转的反向为四指弯曲的反向。

工作坐标系也可以通过双击进行动态调整。

工作坐标系通过动态的方法调整好后，单击鼠标中键确认完成，在视窗中生成新的工作坐标系。

2. 原点

该方法是在原来工作坐标系的基础上，只改变原点位置，3 个坐标轴方位不变，生成新的工作坐标系。

选择【菜单】→【格式】→【WCS】→【原点】命令，弹出【点】对话框，如图 1－34 所示，这是基准点绘制的完整命令对话框，通过绘制空间中的一个点，使工作坐标系的原点移动到此位置，并保持各坐标轴的方向不变，生成新的工作坐标系。基准点的绘制方法详见3.2.1 节。

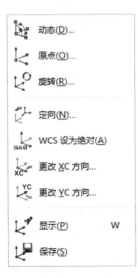

图 1－32 【WCS】子菜单　　图 1－33 WCS 激活状态　　图 1－34 【点】对话框

3. 旋转

该方法是使原来的工作坐标系绕 XC、YC、ZC 轴旋转一定角度，生成新的工作坐标系。

选择【菜单】→【格式】→【WCS】→【旋转】命令，弹出【旋转 WCS 绕】对话框，如图 1-35 所示，按照右手旋转法则，指定绕着旋转的轴，然后输入旋转的角度值，单击"确定"按钮，完成操作并关闭对话框。

4. 定向

该方法是通过创建一个新的基准坐标系，完成工作坐标系的调整。

选择【菜单】→【格式】→【WCS】→【定向】命令，弹出【坐标系】对话框，如图 1-36 所示，这类似于创建新的基准坐标系的命令对话框，常用的有 11 种创建方法，详见 1.4.3 节。该方法可以理解为新创建一个基准坐标系，使工作坐标系与之重合，实现工作坐标系的调整。

图 1-35 【旋转 WCS】对话框

图 1-36 【坐标系】对话框

5. WCS 设置为绝对

该方法是将新的工作坐标系调整为与绝对坐标系重合。

选择【菜单】→【格式】→【WCS】→【WCS 设为绝对】命令，此时工作坐标系便调整到了与绝对坐标系重合的位置，原点在视窗中央位置，坐标轴的方位也与视窗左下角的绝对坐标系坐标轴方位重合。该命令经常用到，当工作坐标系多次调整后方位变乱时，可通过该命令回到绝对坐标系的位置。

6. 更改 XC 方向

该方法是保持原点和 ZC 轴方向不变，指定一点，使原点与指定点的连线为 XC 轴，那么垂直于 XC 轴的方向便为 YC 轴，从而生成新的工作坐标系。

选择【菜单】→【格式】→【WCS】→【更改 XC 方向】命令，弹出图 1-34 所示的【点】对话框，通过基准点的绘制方法确定一个点，基准点的绘制方法详见 3.2.1 节。该点与原点连线方向为 XC 轴，在过原点垂直于 ZC 轴的平面内，垂直于 XC 轴的便是 YC 轴，工作坐标系调整完成。实际上就是原来的工作坐标系在 XC-YC 平面内改变了 XC 轴与 YC 轴，原点和 ZC 轴保持不变。

这里需要注意，通过【点】对话框绘制的点只识别原来的 XC‑YC 平面内的点，即 ZC 坐标值为零的点，如果确定的点不在 XC‑YC 平面内，ZC 坐标值不为零，则识别的点为该点向 XC‑YC 平面内的垂直投影点，读者可以自行尝试观察。

7. 更改 YC 方向

该方法是保持原点和 ZC 轴方向不变，指定一点，使原点与指定点的连线为 YC 轴，那么垂直于 YC 轴的方向便为 XC 轴，从而生成新的工作坐标系。操作方法与"更改 XC 方向"相同，这里不做赘述。

选择【菜单】→【格式】→【WCS】→【保存】命令，这不是调整工作坐标系的方法，只是标记工作坐标系的位置和方位，在工作坐标系调整过程中留个记号，作为参考。

1.4.3 基准坐标系的创建

选择【菜单】→【插入】→【基准/点】→【基准坐标系】命令，弹出【基准坐标系】对话框，如图 1‑37 所示，在"类型"下拉列表中共有 11 种创建基准坐标系的方法，如图 1‑38 所示。

图 1‑37 【基准坐标系】对话框　　　　图 1‑38 创建基准坐标系的方法

1. 动态

该方法是通过动态的平移和旋转操作创建新的基准坐标系，操作与工作坐标系的动态调整方法相同，这里不做赘述。

2. 原点、X 点、Y 点

进行该操作时，【基准坐标系】对话框变成图 1‑39 所示式样。首先确定原点，单击"原点"栏的【点】对话框按钮，弹出图 1‑34 所示的【点】对话框，这是基准点绘制命令，参考 3.2.1 节；原点确定后，在"X 轴点"栏单击【点】对话框按钮，弹出【点】对话框，绘制 X 点；用同样的方法绘制 Y 点。这样一个新的基准坐标系创建完成。原点与 X 点的连线为 X 轴，原点、X 点、Y 点 3 点确定 X‑Y 平面，在该平面内过原点垂直于 X 轴的方向为 Y 轴，过原点垂直于 X‑Y 平面的方向为 Z 轴。

这里要注意，绘制的 Y 点实际不一定落在 Y 轴上，假如 Y 点与原点的连线恰好垂直于 X 点与原点的连线，则 Y 点就确定在 Y 轴上。假如 Y 点与原点的连线不垂直于 X 轴，则以 X 轴为主，过原点自动识别 Y 轴。实际上，Y 点的主要作用是与原点、X 点一起确定 X - Y 平面。

3. X 轴、Y 轴、原点

进行该操作时，【基准坐标系】对话框变成图 1 - 40 所示式样。首先确定原点，单击"原点"栏的【点】对话框按钮 ，弹出【点】对话框，参考 3.2.1 节；原点确定后，在"X 轴"栏单击【矢量】对话框按钮 ，弹出【矢量】对话框，如图 1 - 41 所示，这与基准轴的绘制方法相同，参考 3.2.2 节；用同样的方法在"Y 轴"栏确定 Y 轴。这样一个新的基准坐标系创建完成。过原点平行于指定的 X 轴方向作为 X 轴，过原点平行于指定的 Y 轴方向与刚才确定的 X 轴确定 X - Y 平面，在该平面内过原点垂直于 X 轴的方向作为 Y 轴，过原点垂直于 X - Y 平面的方向作为 Z 轴。

这里同样要注意，最初指定的 Y 轴方向，实际不一定是生成的基准坐标系的 Y 轴，假如指定的 Y 轴恰好与指定的 X 轴垂直，则指定的 Y 轴就是生成的基准坐标系的 Y 轴。假如指定的 Y 轴与指定的 X 轴不垂直，则以 X 轴为主，过原点在 X - Y 平面内垂直于 X 轴自动识别出 Y 轴。实际上，指定的 Y 轴的主要作用是与 X 轴一起在原点处确定 XY 平面。

"Z 轴、X 轴、原点""Z 轴、Y 轴、原点"的操作方法与"X 轴、Y 轴、原点"相同，这里不做赘述。

图 1 - 39 【基准坐标系】对话框
（原点、X 点、Y 点）

图 1 - 40 【基准坐标系】对话框
（X 轴、Y 轴、原点）

图 1 - 41 【矢量】对话框

4. 平面、X 轴、点

进行该操作时，【基准坐标系】对话框变成图 1-42 所示式样。首先确定垂直于 Z 轴的平面，单击"Z 轴的平面"栏的【平面】对话框按钮，弹出【平面】对话框，如图 1-43 所示，这是基准平面绘制的完整命令对话框，参考 3.2.3 节。垂直于 Z 轴的平面，即 X-Y 平面确定后，在"平面上的 X 轴"栏单击【矢量】对话框按钮，弹出【矢量】对话框，确定 X 轴；再在"平面上的原点"栏单击【点】对话框按钮，弹出【点】对话框，确定原点。这样一个新的基准坐标系创建完成。最初指定的平面作为 X-Y 平面，指定的点在 X-Y 平面内的垂直投影作为原点，在 X-Y 平面内过原点平行于指定的 X 轴方向作为基准坐标系的 X 轴，在 X-Y 平面内过原点垂直于 X 轴的方向作为 Y 轴。

"平面、Y 轴、点"的操作方法与"平面、X 轴、点"相同，这里不做赘述。

图 1-42　【基准坐标系】对话框（平面、X 轴、点）　　　图 1-43　【平面】对话框

5. 三平面

进行该操作时，【基准坐标系】对话框变成图 1-44 所示式样，通过依次选择 X 轴的法向平面、Y 轴的法向平面和 Z 轴的法向平面确定 X、Y、Z 轴，创建新的基准坐标系。操作时选择的平面可以是现有基准坐标系的坐标面，也可以是实体的表平面。这里仍要注意，如果选择的平面其法线方向不垂直时的自动识别关系。

6. 绝对坐标系

该方法是按绝对坐标系的原点位置和坐标轴方位新建一个基准坐标系。

7. 当前视图的坐标系

该方法是以当前的视窗方位，视窗中心点为原点，水平方向为 X 轴，右侧为正向；竖直方向为 Y 轴，上方为正向，即计算机屏幕的平面为 X-Y 平面，过原点垂直于 X-Y 平面的方向为 Z 轴，指向外为正向。新建的基准坐标系可以通过按住鼠标中键旋转观察其位置和方位。

8. 偏置坐标系

该方法是以现有的坐标系为参考（该坐标系可以是绝对坐标系、工作坐标系或已经存在的某一个基准坐标系），通过偏移一定的距离和旋转一定的角度，生成新的基准坐标系。

进行该操作时，【基准坐标系】对话框变成图1-45所示式样，在"参考"栏中选择工作坐标系"WCS"或绝对坐标系"绝对坐标系 – 显示部件"或基准坐标系"选定坐标系"，以基准坐标系为参考时，需要选择视窗中某一个基准坐标系，然后在"偏置"下的"X""Y""Z"框中输入沿X、Y、Z轴需要偏移的距离值，在"旋转"下的"角度X""角度Y""角度Z"框中输入绕X、Y、Z轴需要旋转的角度值，最后单击"确定"按钮，完成新的基准坐标系的创建。操作时要注意，对于相同的偏移距离和旋转角度，点击选择先平移后旋转，还是先旋转后平移结果是不一样的，请读者在操作中试做观察。

自动判断不是一种确切的方法，而是随着操作的进行，系统自动识别按这11种方法中的哪一种创建基准坐标系。

可以创建基准坐标系，也可以对已经存在的坐标系进行调整。双击基准坐标系可以对其进行动态调整。选择基准坐标系，然后单击鼠标右键选择【编辑参数】命令，则弹出图1-37所示的【基准坐标系】对话框，可以通过完整的11种创建基准坐标系的方法进行调整。也可以选择【菜单】→【编辑】→【特征】→【编辑参数】命令对已有的基准坐标系进行调整。

绘图过程中多余的基准坐标系可以删除。选中不需要的基准坐标系，按Delete键，或单击鼠标右键选择【删除】命令，均可将其删除。

图1-44 【基准坐标系】对话框（三平面）　　图1-45 【基准坐标系】对话框（偏置坐标系）

1.5　综合案例

1. 工作坐标系调整应用

设计要求

在边长为100 mm的立方体的顶边放置一直径和高度均为50 mm的圆柱体，圆柱体的底面圆心在顶边的中点，底面与顶面、侧面成相等的角度。

工作坐标系
调整应用

设计思路

圆柱体底面与立方体的顶面和侧面成相同的角度，即45°，通过调整工作坐标系的方法，使原点移动到立方体顶边的中点位置，其XC - YC平面旋转成与顶面、侧面均成45°角，然后以调整好的工作坐标系为参考创建圆柱体。本案例的关键是调整工作坐标系。

操作步骤

（1）创建立方体。选择【菜单】→【插入】→【设计特征】→【长方体】命令，弹出【长方体】对话框，如图1 - 46所示，按图示设置，最后单击激活"原点"栏的"指定点"，将立方体单击放置在基准坐标系的原点位置。创建的立方体如图1 - 47所示。

（2）选择【菜单】→【格式】→【WCS】→【显示】命令，将工作坐标系显示出来，如图1 - 47（a）中立方体左下角所示。

（3）选择【菜单】→【格式】→【WCS】→【原点】命令，弹出图1 - 34所示的【点】对话框，单击立方体顶边的中点位置，此时，工作坐标系原点便放在了立方体顶边的中点处，如图1 - 47（b）所示。

图1 - 46　【长方体】对话框

（4）选择【菜单】→【格式】→【WCS】→【旋转】命令，弹出图1 - 35所示的【旋转WCS绕】对话框，单击" + YC轴：ZC→XC"单选按钮，使工作坐标系绕 + YC轴旋转，输入旋转角度"45"，单击"确定"按钮，完成工作坐标系的调整，如图1 - 47（c）所示。

（5）选择【菜单】→【插入】→【设计特征】→【圆柱体】命令，弹出【圆柱】对话框，如图1 - 48所示。单击"指定矢量"栏，单击选择工作坐标系的ZC轴方向，在"指定点"栏单击选择立方体顶边的中点，在"尺寸"栏中输入直径和高度均为"50"，单击"确定"按钮，完成圆柱体的创建，如图1 - 49所示。

可以通过选择【菜单】→【分析】→【测量角度】命令，单击选择圆柱体底面和立方体的顶面、侧面，看是否都成45°角。

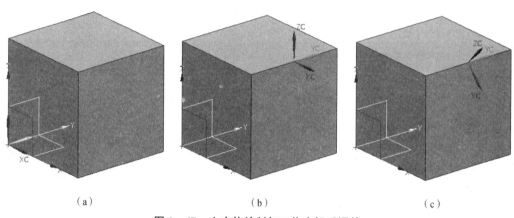

（a）　　　　　　　　　　（b）　　　　　　　　　　（c）

图 1 – 47　立方体绘制与工作坐标系调整

图 1 – 48　【圆柱】对话框

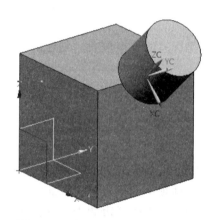

图 1 – 49　在立方体顶边绘制圆柱体

2. 基准坐标系创建应用

设计要求

基准坐标系
创建应用

在边长为 100 mm 的立方体的右上角点放置一底圆直径和高度均为 50 mm 的圆锥体，圆锥体的底面圆心与顶点重合，底面与 3 个方向的侧面均成相等的角度。

设计思路

圆锥体底面与立方体相邻的 3 个侧面成相同的角度，应是圆锥体的回转轴与立方体连接右上角、左下角的体对角连线重合。新建一个基准坐标系，原点在右上角点处，Z 轴为体对角线方向，然后以此为参考创建圆锥体。本案例的关键是基准坐标系的创建。

操作步骤

（1）创建立方体。选择【菜单】→【插入】→【设计特征】→【长方体】命令，弹出【长方体】对话框，如图1-46所示，按图示设置，最后单击激活"原点"栏的"指定点"，将立方体单击放置在基准坐标系的原点位置。创建的立方体如图1-50所示。

（2）选择【菜单】→【插入】→【基准/点】→【基准坐标系】命令，弹出【基准坐标系】对话框，在"类型"下拉列表中选择"Z轴、X轴、原点"方法，如图1-51所示。

（3）单击激活"原点"栏，单击选择立方体的右上角点作为原点。

（4）在"Z轴"栏，单击【矢量】对话框按钮 ⬛ ，在打开的【矢量】对话框的"类型"下拉列表中选择"两点"选项，如图1-52所示，依次单击选择立方体的左下角点和右上角点作为出发点和目标点。这样便确定了基准坐标系Z轴为立方体的体对角线方向。

（5）在"X轴"栏，随意单击一立方体的边线即可，因为在上一步中X-Y平面已经确定好了，这正是圆锥体底面的方位，X轴的方向对其建模无影响，可以随意单击一边由系统自动识别即可。实际上，这随意单击的一边是将X-Y平面内法向投影识别为X轴。创建好的基准坐标系如图1-50中立方体右上角所示。

（6）选择【菜单】→【插入】→【设计特征】→【圆锥】命令，弹出【圆锥】对话框，如图1-53所示，单击激活"指定矢量"栏，单击选择新建的基准坐标系Z轴；单击激活"指定点"栏，单击选择立方体的右上角点；在"尺寸"栏输入底部直径"50"、顶部直径"0"、高度"50"，单击"确定"按钮，完成圆锥体的绘制，如图1-54所示。

可以通过选择【菜单】→【分析】→【测量角度】命令，单击选择圆锥体底面和立方体的侧面均成125.2644°角。

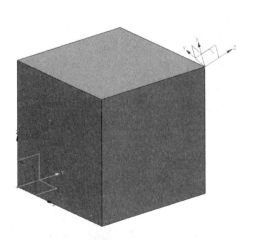

图1-50　立方体绘制与基准坐标系创建

图1-51　【基准坐标系】对话框
（Z轴、X轴、原点）

图 1-52 【矢量】对话框

图 1-53 【圆锥】对话框

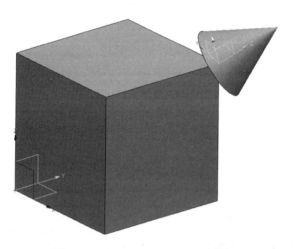

图 1-54 长方体顶点处圆锥体绘制

本章小结

本章从 UG NX 软件简介和 UG NX 工作界面入手，介绍了 UG NX 软件的鼠标与键盘操作、文件管理、图层管理、图形选择、视图方位、图形显示、视窗显示、数据测量、文件格式转换、坐标系概念等基本知识和常规操作。UG NX 坐标系是本章的重点内容，也是难点内容，一定要理解透彻，牢牢掌握，灵活运用，在绘图过程中工作坐标系调整是否合理和基准坐标创建是否正确，直接决定了建模的正确性与工作效率。

思考与练习

（1）图形对象的选择有哪些方法？

（2）图形对象的渲染样式有哪几种？

（3）如何测量实体的质量与重心？

（4）图形对象在图层间如何进行移动？

（5）简述如何进行工作坐标系调整。

（6）基准坐标系的创建方法有哪些？

第2章
草图设计

草图是在平面内绘制的二维曲线，草图曲线是三维建模的基础，许多实体模型，特别是截面形状不规则的实体模型都是通过草图曲线拉伸、旋转或者扫掠的方法生成的。本章介绍草图的创建与管理、草图曲线的绘制与编辑、草图曲线的操作以及草图曲线的尺寸约束与几何约束。

🎡 学习目标 ▶▶ ▶

※ 草图管理

※ 草图平面确定

※ 草图曲线绘制

※ 草图曲线编辑与操作

※ 草图约束

2.1 入门引例

设计要求

参照图2-1所示尺寸绘制密封垫片截面草图曲线。

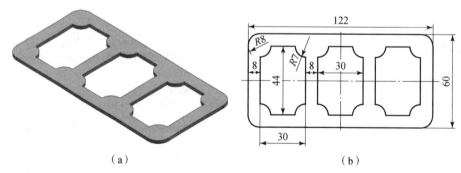

（a） （b）

图2-1 密封垫片

（a）密封垫片实体模型；（b）密封垫片截面曲线

设计思路

通过草图曲线绘制矩形、圆弧曲线，通过草图曲线编辑与操作制作圆角、修剪多余线段，相同形状尺寸的小矩形通过阵列曲线复制而成。

设计步骤

(1) 确定草图绘制平面。

选择【菜单】→【插入】→【草图】命令，弹出图 2 – 2 所示的【创建草图】对话框。默认基准坐标系的 X – Y 平面为草图绘制平面，单击"确定"按钮，进入草图绘制状态。

密封垫片截面
草图曲线绘制

图 2 – 2　【创建草图】对话框

(2) 绘制外框矩形。

选择【菜单】→【插入】→【草图曲线】→【矩形】命令，弹出图 2 – 3 所示的【矩形】对话框，以"按 2 点"方式绘制矩形，单击设置坐标原点为矩形第一个角点，然后在动态对话框 宽度 **122** 高度 60 中输入宽度"122"、高度"60"，按 Enter 键，单击鼠标中键完成外框矩形的绘制，如图 2 – 4 所示。

图 2 – 3　【矩形】对话框

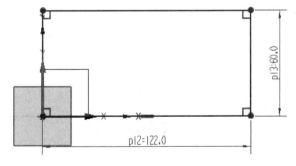

图 2 – 4　绘制外框矩形

(3) 制作外框矩形圆角。

选择【菜单】→【插入】→【草图曲线】→【圆角】命令，弹出图 2 – 5 所示的【圆角】对话框，在动态对话框 半径 8 中输入"8"，按 Enter 键，然后单击矩形的 4 个角点，关闭【圆角】对话框，完成外框矩形圆角的制作，如图 2 – 6 所示。

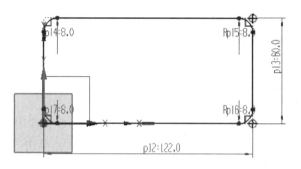

图2-5 【圆角】对话框

图2-6 制作外框矩形圆角

（4）绘制内部小矩形。

选择【菜单】→【插入】→【草图曲线】→【直线】命令，弹出图2-7所示的【直线】对话框，选择矩形左边线中点，然后在动态对话框 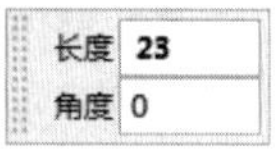 中输入长度"23"、角度"0"，按 Enter 键，关闭【直线】对话框，完成参考线的绘制，如图2-8所示。

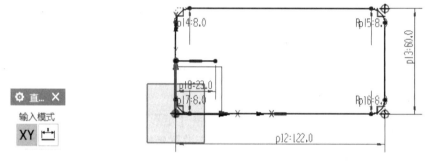

图2-7 【直线】对话框

图2-8 绘制参考线

选择【菜单】→【插入】→【草图曲线】→【矩形】命令，弹出图2-3所示的【矩形】对话框，以"从中心"方式绘制矩形，单击绘制的参考线的右端点，然后在动态对话框 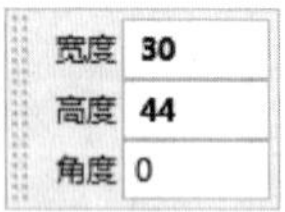 中输入宽度"30"、高度"44"、角度"0"，按 Enter 键，关闭【矩形】对话框，完成内部小矩形的绘制，如图2-9所示。

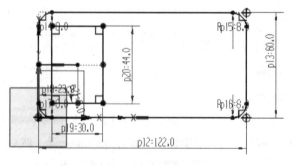

图2-9 绘制内部小矩形

（5）绘制小矩形顶点圆弧曲线。

选择【菜单】→【插入】→【草图曲线】→【圆弧】命令，弹出图 2 - 10 所示的【圆弧】对话框，以"中心和端点定圆弧"方式绘制圆弧，单击选择小矩形的一个顶点为圆心，然后在动态对话框  中输入半径"7"、扫掠角度"90"，按 Enter 键，确定合适的位置，单击完成圆弧曲线的绘制。以同样的方法制作另外 3 个角点的圆弧曲线，如图 2 - 11 所示。

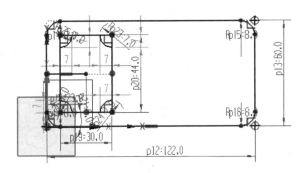

图 2 - 10　【圆弧】对话框

图 2 - 11　绘制小矩形顶点圆弧曲线

（6）修剪多余线段。

选择【菜单】→【编辑】→【草图曲线】→【快速修剪】命令，弹出图 2 - 12 所示的【快速修剪】对话框，单击选择需要修剪的多余线段，修剪后的曲线如图 2 - 13 所示。

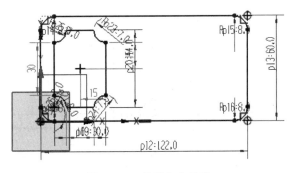

图 2 - 12　【快速修剪】对话框

图 2 - 13　修剪多余线段

（7）阵列复制内部小矩形。

选择【菜单】→【编辑】→【草图曲线】→【阵列曲线】命令，弹出图 2 - 14 所示的【阵列曲线】对话框，选择小矩形曲线作为要阵列的曲线，在"选择线性对象"栏单击选择 X 坐标轴，在"数量"框中输入"3"，在"节距"框中输入"38"，单击"确定"按钮完成小矩形的阵列复制，如图 2 - 15 所示。

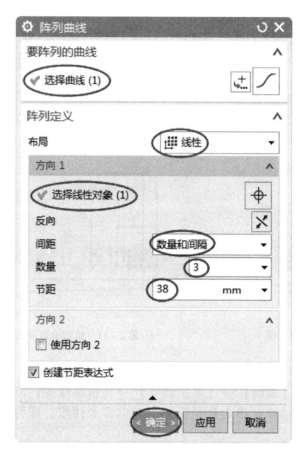

图 2-14 【阵列曲线】对话框

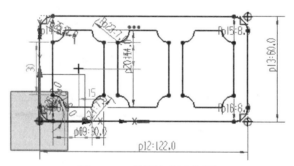

图 2-15 阵列复制小矩形

（8）删除草图点。

单击选择草图曲线绘制过程中生成的草图点，单击鼠标右键删除，如图2-16所示。

（9）完成草图。

选择【菜单】→【文件】→【完成草图】命令，退出草图绘制状态，返回建模状态，密封垫片截面草图曲线绘制完成，如图2-17所示。

进一步对密封垫片截面草图曲线进行拉伸操作可以生成密封垫片实体模型。选择【菜单】→【插入】→【设计特征】→【拉伸】命令，弹出【拉伸】对话框。参考3.6.1节的图3-114所示的【拉伸】对话框，选择绘制完成的草图曲线，输入"开始"距离0、"结

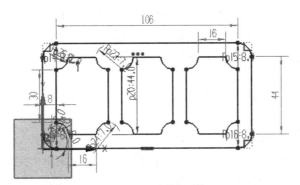

图 2-16　删除草图点

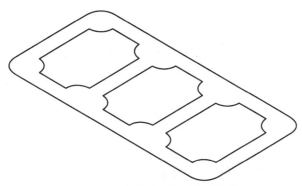

图 2-17　密封垫片截面草图曲线

束"距离 1 mm, 拉伸方向自动识别为草图平面法线方向, 单击"确定"按钮, 完成密封垫片的建模, 如图 2-1 (a) 所示。

2.2　草图管理

新建草图, 编辑已有的草图, 以及退出、复制、粘贴与删除草图, 这些都是草图管理的内容。

2.2.1　新建草图

新建草图有 3 种方式。

(1) 选择【菜单】→【插入】→【草图】命令, 弹出图 2-2 所示的【创建草图】对话框, 此时单击选择基准坐标系的某一坐标平面作为草图绘制平面, 然后单击"确定"按钮即可新建一张草图, 并进入草图绘制状态, 进行草图曲线的绘制与编辑。

(2) 选择【菜单】→【插入】→【在任务环境中绘制草图】命令, 弹出图 2-2 所示的【创建草图】对话框, 选择基准坐标系的某一坐标平面作为草图绘制平面, 单击"确定"按钮新建一张草图。该种方式完全是在草图环境中绘制草图曲线, 工具栏的命令全是针对草图曲线的绘制、编辑与操作。

(3) 选择【菜单】→【插入】→【草图曲线】命令, 根据需要选择一种草图曲线进行绘制，如直线、圆、矩形等。这种方式自动默认工作坐标系的 X – Y 坐标平面作为草图的绘制平面，假如工作坐标系的 X – Y 平面不适合草图绘制，则需要提前调整工作坐标系的方位，参见 1.4.2 节。需要注意的是，该种方式草图曲线的绘制与编辑是在立体显示模式下进行的。

通常按第（1）种方式新建草图并绘制图形。

2.2.2 退出草图

新建一张草图后，便可以在其中进行草图曲线的绘制与编辑，完成后要退出草图。选择【菜单】→【文件】→【完成草图】命令，或单击鼠标右键选择【完成草图】命令，从草图绘制状态回到建模状态，完成一张草图的绘制。

2.2.3 编辑草图

草图是分张的，一个模型文件可以创建绘制多张草图。编辑已经存在的一张草图最简便的方法是双击该张草图，即可进入草图状态对其进行编辑，重新绘制草图曲线，或对已有的草图曲线进行编辑等。

另一种编辑草图的方法是：选择【菜单】→【编辑】→【草图】命令，弹出【打开草图】对话框，如图 2 – 18 所示，其中有 3 张草图 SKETCH_000、SKETCH_001、SKETCH_002，选择其中一张，单击"确定"按钮，对其进行编辑。假如建模文件中只有一张草图，则【打开草图】对话框是不显示的，直接进入该张草图进行编辑。

图 2 – 18 【打开草图】对话框

选中一张草图，单击鼠标右键选择【编辑】命令，也可以进入草图状态对其进行编辑。

2.2.4 复制、粘贴草图

可以对整张草图进行复制与粘贴。

 应用案例 2 – 1 复制与粘贴草图

（1）在基准坐标系 X – Y 坐标平面内绘制一张草图 SKETCH_000，在草图中绘制圆曲线（参见 2.4.5 节），如图 2 – 19（a）所示。

（2）选择【菜单】→【编辑】→【复制特征】命令，弹出图 2 – 20 所示的【复制特征】对话框，选择草图 SKETCH_000，单击"确定"按钮，该张草图便被复制。

（3）选择【菜单】→【编辑】→【粘贴】命令，弹出图 2 – 21 所示的【粘贴特征】对话框，选择基准坐标系的 Y – Z 坐标平面作为草图粘贴平面，单击"确定"按钮，完成草图 SKETCH_000 的粘贴，如图 2 – 19（b）所示。该张草图原来在 X – Y 坐标平面内，复制之后被粘贴到了 Y – Z 坐标平面内。

草图的复制与粘贴也可以通过鼠标右键菜单中的【复制】与【粘贴】命令完成。

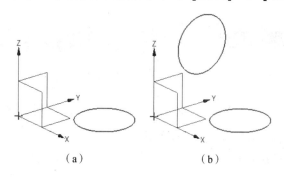

图2-19 复制与粘贴草图

（a）X-Y坐标平面内草图；（b）Y-Z坐标平面内粘贴草图

图2-20 【复制特征】对话框 **图2-21 【粘贴特征】对话框**

2.2.5 删除草图

一张草图如果不需要了可以删除。选择【菜单】→【编辑】→【删除】命令，弹出图1-14所示的【类选择】对话框，选择需要删除的草图，单击"确定"按钮完成该张草图的删除。也可以先选中该张草图，单击鼠标右键选择【删除】命令进行删除，或按Delete键直接删除。

2.3 草图平面确定

草图实质是平面二维图集，草图曲线是在平面上绘制的，因此绘制草图曲线之前需要确定草图平面。

选择【菜单】→【插入】→【草图】命令，弹出图 2-2 所示的【创建草图】对话框，在该对话框中完成草图平面的确定，共有 3 类方法。

1. 以现有的平面作为草图平面

选择现有的平面作为草图曲线的绘制平面，比如选择基准坐标系的坐标平面，多面体的表平面，圆柱体的上、下底面等。

2. 创建新的平面作为草图平面

假如模型文件中没有合适的平面可以作为草图平面，就需要创建新的平面作为草图平面。在图 2-2 所示对话框的"平面方法"下拉列表中选择"新平面"选项，如图 2-22 所示。单击【平面】对话框按钮 ，弹出图 2-23 所示的【平面】对话框，其中共有 14 种新建平面的方法。

图 2-22 【创建草图】对话框
（"新平面"方式）

图 2-23 【平面】对话框

1) 按某一距离

与选择的平面成一定距离的平行平面作为草图平面。如图 2-24（a）所示，选择 X-Z 坐标平面，沿 Y 轴平行距离 100 mm 的新平面作为草图平面。

2) 成一角度

与选择的平面成一定角度的平面作为草图平面。如图 2-24（b）所示，选择 Y-Z 坐标平面，绕 Z 轴旋转 45°的新平面作为草图平面。

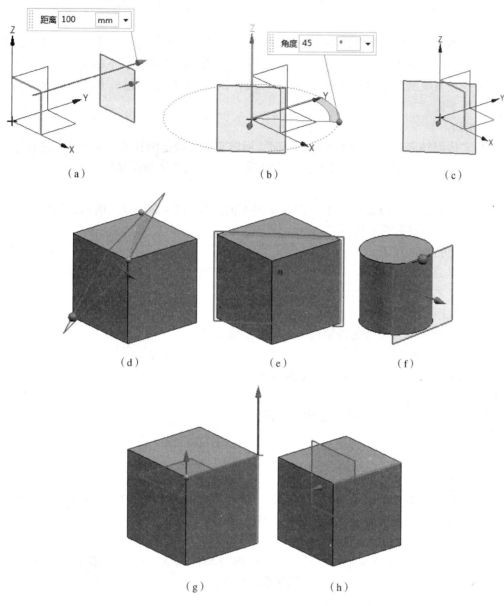

图 2 – 24 创建新的平面作为草图平面

(a)"按某一距离"方式；(b)"成一角度"方式；(c)"二等分"方式；
(d)"曲线和点"方式；(e)"两直线"方式；(f)"相切"方式；
(g)"通过对象"方式；(h)"点和方向"方式

3）二等分

选择两个平面中的分面作为草图平面，平行平面选择其平行中分面，相交平面选择其角度中分面作为草图平面。如图 2 – 24（c）所示，选择 X – Z、Y – Z 坐标平面的角度中分面作为草图平面。

4）曲线和点

通过选择一个点、两个点、三个点、点和曲线、点和平面多种方式创建新平面作为草图

平面。如图 2 - 24 （d） 所示，选择长方体的 3 个顶点确定的新平面作为草图平面。

5） 两直线

通过两条直线确定一个草图平面。两直线可以相交、平行，甚至不平行、不相交。两直线相交或平行时，两直线确定的平面作为草图平面；两直线不平行、不相交时，过一条直线平行于另一条直线的平面作为草图平面。如图 2 - 24 （e） 所示，过长方体的两条立边的平面作为草图平面。

6） 相切

选择实体回转面的相切面作为草图平面，回转实体可以是圆柱体、圆锥体、球体等。如图 2 - 24 （f） 所示，过圆柱体顶圆边线一点相切于圆柱面的平面作为草图平面。

7） 通过对象

选择直线的法向平面或某一平面作为草图平面。如图 2 - 24 （g） 所示，选择长方体的顶边，其法向平面便作为草图平面。

8） 点和方向

过一点垂直于某一直线的平面作为草图平面。如图 2 - 24 （h） 所示，过长方体的左侧顶点，垂直于右侧立边的平面作为草图平面。

9） 曲线上

参见第 3 种方法：通过曲线轨迹确定草图平面。

10） YC - ZC 平面

以工作坐标系的 Y - Z 坐标平面作为草图平面。

11） XC - ZC 平面

以工作坐标系的 X - Z 坐标平面作为草图平面。

12） XC - YC 平面

以工作坐标系的 X - Y 坐标平面作为草图平面。

13） 视图平面

以当前的视图方位，以水平方向为 X 轴，以竖直方向为 Y 轴，X，Y 轴确定的平面作为草图平面，即当前视图方位显示器屏幕平面作为草图平面。

14） 按系数

平面的通用方程为 $aX + bY + cZ = d$，该平面与坐标系 X，Y，Z 轴的截距分别为 d/a、d/b、d/c，给定系数 a，b，c，d，该平面即草图平面。

3. 通过曲线轨迹确定草图平面

过空间曲线某一位置点创建草图平面，该平面或者垂直于曲线该点的切线，或者垂直于某一矢量，或者平行于某一矢量，或者通过某一轴线。图 2 - 25 所示为"基于路径"方式的【创建草图】对话框。选择圆柱体的顶圆作为创建平面的曲线轨迹，图 2 - 26 （a） 所示为过顶圆曲线 50% 位置点且垂直于顶圆曲线该点切线的平面作为草图平面；图 2 - 26 （b） 所示为过顶圆曲线 30% 位置点且垂直于基准坐标系 X 轴的平面作为草图平面；图 2 - 26 （c） 所示为过顶圆曲线 30% 位置点且平行于基准坐标系 Z 轴的平面作为草图平面；图 2 - 26 （d） 所示为过顶圆曲线 30% 位置点且通过基准坐标系 Y 轴的平面作为草图平面。

图 2－25 【创建草图】对话框（"基于路径"方式）

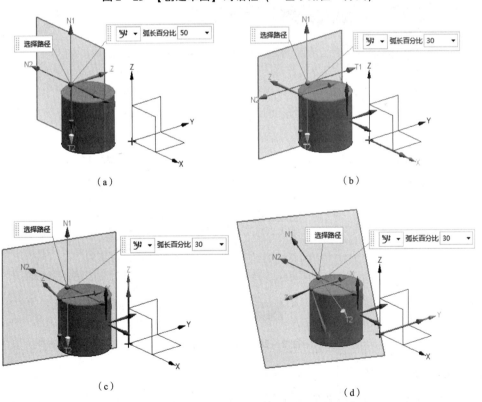

（a）   （b）

（c）   （d）

图 2－26 基于路径创建草图平面

（a）"垂直于路径"方式；（b）"垂直于矢量"方式；

（c）"平行于矢量"方式；（d）"通过轴"方式

2.4 草图曲线绘制

2.4.1 点

点是草图曲线中最小的绘图单位，绘制点是草图曲线最基本的操作。选择【菜单】→【插入】→【草图曲线】→【点】命令，弹出图 2 - 27 所示的【草图点】对话框，单击【点】对话框按钮 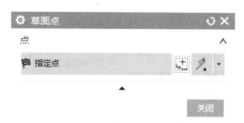，弹出【点】对话框，在"类型"下拉列表中共有 13 种点的绘制方法，如图 2 - 28 所示。

图 2 - 27 【草图点】对话框

图 2 - 28 【点】对话框

1. 光标位置

在绘图区任意单击拾取位置绘制点，也可以在【点】对话框中输入 X、Y 坐标值，单击"确定"按钮完成点的绘制。需要注意，草图点是在二维平面内绘制的，对话框中的 Z 坐标是不需要设置的，即使设置也不起作用。

2. 现有点

单击拾取现有点，在现有点的位置上绘制草图点，绘制的点与现有点重合。

3. 端点

在现有线的端点上绘制草图点，绘制的点与现有线的端点重合，该线可以是直线、圆弧、样条曲线。绘制时单击拾取该线段即可，离拾取位置近的端点自动被识别。

4. 控制点

在现有线的端点或中点位置绘制草图点，该线可以是直线、圆弧、样条曲线。绘制时单击拾取该线段，离拾取位置近的端点或中点自动被识别。

5. 交点

在线段交点的位置上绘制草图点，依次单击拾取两条交线，其交点自动被识别。

6. 圆弧中心/椭圆中心/球心

在圆弧、圆、椭圆曲线的圆心位置上绘制草图点。绘制时单击拾取该线段，其圆心位置自动被识别。需要注意，假如选择了圆球，是在其球心向该草图平面垂直投影的位置上绘制草图点。

7. 圆弧/椭圆上的角度

在圆弧、圆或椭圆的一定角度位置上绘制草图点，在对话框中输入的角度用于控制该点与圆心的连线半径与过圆心平行于 X 轴的水平线的夹角。

8. 象限点

在圆、圆弧或椭圆的象限点的位置上绘制草图点。象限点是指圆、圆弧或椭圆与过圆心且平行于 X，Y 轴的水平线、垂直线相交的 4 个点。

9. 曲线/边上的点

在线段的某个位置上绘制草图点，该位置可以通过线段总长百分比的方式确定，也可以通过离端点实际长度的方式确定。

10. 两点之间

通常是在两个点的中点位置绘制草图点，当然可以设置为两点之间任意百分比位置的点。选择的两个点可以是曲线的端点、圆心点、单独的草图点。

11. 样条极点

对于以"根据极点"方式绘制的样条曲线，在其控制的极点位置上绘制草图点。绘制时单击拾取样条曲线，离拾取位置近的极点自动被识别。

12. 样条定义点

对于以"通过点"方式绘制的样条曲线，在其通过的控制点位置上绘制草图点。绘制时单击拾取样条曲线，离拾取位置近的控制点自动被识别。

13. 按表达式

通过设置函数表达式的方式绘制草图点。

应用案例2-2 以"按表达式"方式绘制草图点

选择"按表达式"方式绘制草图点时,【点】对话框变成图2-29所示式样,单击"创建表达式"按钮 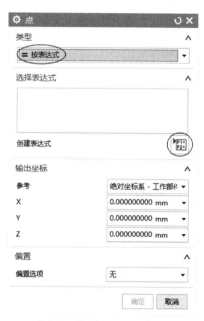,弹出图2-30所示的【表达式】对话框,在右上方的第2行中,双击名称栏,输入点的名称,如"P1";双击公式栏,设置点的坐标值,如"point(100,100,0)",单击"确定"按钮,返回图2-29所示的【点】对话框。此时在"选择表达式"框中便有P1点的表达式,如图2-31所示,单击"确定"按钮,返回图2-27所示的【草图点】对话框,单击"关闭"按钮,完成点(100,100,0)的绘制,如图2-32所示。

图2-29 【点】对话框("按表达式"方式)

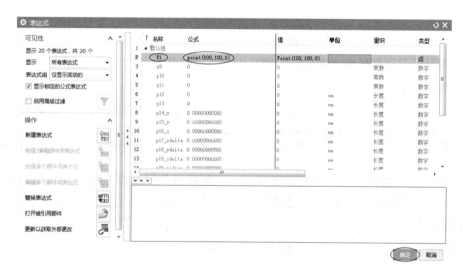

图2-30 【表达式】对话框

图 2-31　【点】对话框（定义表达式）

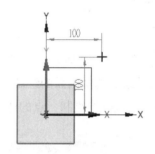

图 2-32　绘制点（100, 100, 0）

2.4.2　直线

可以通过两个点绘制一条直线。选择【菜单】→【插入】→【草图曲线】→【直线】命令，弹出图 2-33 所示的【直线】对话框，两个点可以通过"坐标模式" XY 绘制，即直角坐标模式，在浮动的对话框中输入坐标值，按 Enter 键确定；或者通过"参数模式" 绘制，即极坐标模式，在浮动的对话框中输入直线的长度和与 X 轴的角度值，按 Enter 键确定。当然两个点也可以用鼠标在绘图区任意单击拾取。

如图 2-34 所示，左侧端点通过坐标模式绘制，输入坐标值（20, 20）；右侧端点通过参数模式绘制，输入直线长度 30 mm、角度 30°。

图 2-33　【直线】对话框

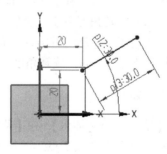

图 2-34　直线绘制

2.4.3 圆弧

选择【菜单】→【插入】→【草图曲线】→【圆弧】命令，弹出图 2 – 10 所示的【圆弧】对话框。有两种绘制圆弧的方法：通过"三点定圆弧" ⌒ ，或者通过"中心和端点定圆弧" ⌐ ，各点的选择可以通过"坐标模式" XY 或者"参数模式" ⌐ 确定。

2.4.4 连续曲线

可以连续绘制直线和圆弧曲线。选择【菜单】→【插入】→【草图曲线】→【轮廓】命令，弹出图 2 – 35 所示的【轮廓】对话框。选择 ╱ 绘制直线，选择 ⌒ 绘制圆弧，在绘制过程中直线和圆弧首尾相连。绘制直线和圆弧时点的选择通过"坐标模式" XY 或者"参数模式" ⌐ 确定。

2.4.5 圆

选择【菜单】→【插入】→【草图曲线】→【圆】命令，弹出图 2 – 36 所示的【圆】对话框。圆的绘制类似圆弧的绘制，可以通过"三点定圆"方法 ◯ 绘制，或者通过"圆心和直径定圆"方法 ⊙ 绘制，点的选择通过"坐标模式" XY 或者"参数模式" ⌐ 确定。

图 2 – 35 【轮廓】对话框

图 2 – 36 【圆】对话框

2.4.6 椭圆

选择【菜单】→【插入】→【草图曲线】→【椭圆】命令，弹出图 2 – 37 所示的【椭圆】对话框。

单击【点】对话框按钮 ⬚ ，弹出图 2 – 28 所示的【点】对话框，通过 13 种点的绘制方法确定椭圆圆心，再在【椭圆】对话框中输入大半径值和小半径值，单击"确定"按钮完成椭圆的绘制。在【椭圆】对话框中是否勾选"封闭"复选框决定了是绘制整椭圆还是部分椭圆，输入旋转角度用于设置椭圆的方位，角度值是其长半径偏离水平方向的角度，逆时针方向为角度正值，顺时针方向为角度负值。图 2 – 38 所示圆心选择坐标原点，大半径为 30 mm，小半径为 20 mm，旋转角度为 0°的整椭圆。

2.4.7 矩形

选择【菜单】→【插入】→【草图曲线】→【矩形】命令，弹出图 2 – 3 所示的【矩形】对话框。可以以"按 2 点""按 3 点""从中心"3 种方式绘制矩形，点的选择通过"坐标模式" XY 或者"参数模式" ⌐ 确定。

图 2 – 37　【椭圆】对话框

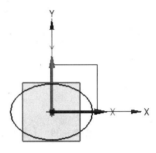

图 2 – 38　绘制椭圆

2.4.8　多边形

选择【菜单】→【插入】→【草图曲线】→【多边形】命令，弹出图 2 – 39 所示的【多边形】对话框。

输入多边形的边数，输入控制多边形大小的内切圆半径值或者外接圆半径值或者边长值，输入多边形方位角度，然后单击拾取多边形放置位置或者单击【点】对话框按钮 ，弹出图 2 – 28 所示的【点】对话框，通过 13 种点的绘制方法确定多边形中心点位置。多边形绘制完成之后单击"关闭"按钮，退出【点】对话框。

图 2 – 40 所示为中心选择坐标原点，内切圆半径为 50 mm，旋转角度为 0°的六边形。

2.4.9　二次曲线

选择【菜单】→【插入】→【草图曲线】→【二次曲线】命令，弹出图 2 – 41 所示的【二次曲线】对话框，通过两个端点和控制点模拟绘制二次方程曲线。端点和控制点可以在绘图区单击拾取，也可以单击【点】对话框按钮 ，打开图 2 – 28 所示的【点】对话框，通过 13 种点的绘制方法确定。对话框中的 Rho 值可以设置二次曲线控制点的灵敏度，在 0 ~ 1 之间选择，通常设置为 0.5，数值越大，控制点对曲线的控制越灵敏。

2.4.10　艺术样条

选择【菜单】→【插入】→【草图曲线】→【艺术样条】命令，弹出【艺术样条】对话框，如图 2 – 42 所示。

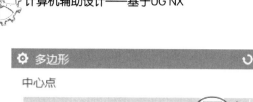

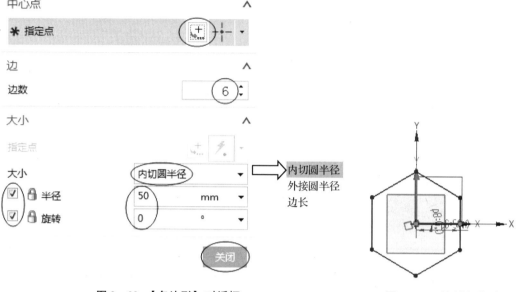

图 2-39 【多边形】对话框 图 2-40 绘制六边形

UG NX 的样条曲线是按阶次控制其复杂程度。曲线的阶次在数学上是曲线方程的最高幂指数，这里可以简单将样条曲线理解为由多条线段连接而成的曲线，线段的最少数量即样条曲线的阶次。样条曲线的阶次越高，曲线段数越多，曲线越复杂、光滑、细致。比如要绘制 3 阶次的样条曲线，则样条曲线至少由 3 条线段连接而成，即至少有 4 个控制点，绘制样条曲线的控制点数至少是曲线阶次 +1 个。

图 2-41 【二次曲线】对话框 图 2-42 【艺术样条】对话框

绘制样条曲线有两种方法：在"类型"下拉列表中选择"通过点"选项，这时绘制的样条曲线经过所有指定的点；选择"根据极点"选项，这时绘制的样条曲线除了首、尾两个点，其余的点只是控制样条曲线的形状和趋势而不在曲线上。在"参数化"栏中输入样条曲线的阶次数，在"点位置"栏中单击【点】对话框按钮 ，打开图 2 – 28 所示的【点】对话框，通过 13 种点的绘制方法确定足够多的点（至少阶次 +1 个点）来绘制样条曲线。勾选"封闭"复选框可绘制封闭式的样条曲线。

图 2 – 43（a）所示为以"通过点"方式绘制的 3 阶次样条曲线；图 2 – 43（b）所示为以"根据极点"方式绘制的 4 阶次样条曲线。

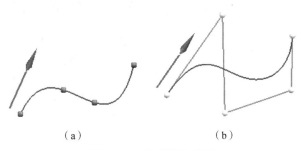

（a）　　　　　　　　　　　（b）

图 2 – 43　绘制样条曲线

（a）以"通过点"方式绘制的 3 阶次样条曲线；（b）以"根据极点"方式绘制的 4 阶次样条曲线

2.5　草图曲线编辑与操作

2.5.1　快速修剪

选择【菜单】→【编辑】→【草图曲线】→【快速修剪】命令，弹出【快速修剪】对话框，如图 2 – 12 所示。

最初，"要修剪的曲线"栏处于激活状态，单击拾取需要修剪的线段即可完成修剪。快速修剪命令具有快速性和智能性的特点，单击拾取需要修剪的线段时，自动识别与其最近的相交线作为边界线进行修剪。该命令操作方便快捷，不需要先激活"边界曲线"栏选择边界曲线，然后激活"要修剪的曲线"栏选择需要修剪的曲线完成修剪。

2.5.2　快速延伸

选择【菜单】→【编辑】→【草图曲线】→【快速延伸】命令，弹出【快速延伸】对话框，如图 2 – 44 所示。

快速延伸命令的设计思路与操作与快速修剪命令相同，这里不做赘述。

 应用案例 2 – 3　快速修剪与延伸操作

（1）新建一张草图，按图 2 – 45（a）所示样式绘制 4 条线段。

（2）打开图 2 – 12 所示的【快速修剪】对话框，单击 1 处线段和 2 处线段，两处的线段便以最近的相交线为边界被修剪掉,如图 2-45 (b) 所示。

(3) 打开图 2-44 所示的【快速延伸】对话框,单击图 2-45 (a) 中的 1 处线段,该处线段便以最近能够相交的曲线为边界进行延伸,如图 2-45 (c) 所示。

图 2-44 【快速延伸】对话框

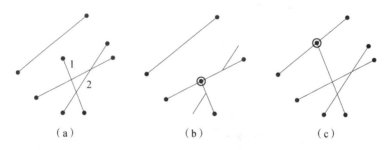

(a) (b) (c)

图 2-45 快速修剪与延伸操作

(a) 未执行修剪与延伸操作的线段;(b) 快速修剪线段;(c) 快速延伸线段

2.5.3 圆角

生成两条相交线的圆角曲线,也可以理解成对两条角边线进行倒圆角处理。选择【菜单】→【插入】→【草图曲线】→【圆角】命令,弹出图 2-5 所示的【圆角】对话框。单击选择需要生成圆角曲线的两条相交线,然后在浮动对话框 半径 中输入半径值,按 Enter 键即可生成圆角曲线。

需要注意,圆角曲线命令丰富多样,选择两条相交曲线后,根据需要可以移动鼠标位置生成内侧圆角、外侧圆角、左侧圆角和右侧圆角。

图 2-46 (b)、(c)、(d)、(e) 所示分别为对图 2-46 (a) 所示两条相交线生成的半径为 10 mm 的内侧、外侧、左侧和右侧圆角。生成圆角曲线通常是将原来的角边线删除,如果需要保留,则选择【圆角】对话框中的"取消修剪" ⌐ 方法。图 2-46 (f) 所示为对图 2-46 (a) 所示两条相交线生成的半径为 10 mm 的内侧圆角同时保留角边线。

【圆角】对话框中的"删除第三条曲线"选项,是针对三条相交曲线生成圆角的情况,如图 2-47 (a)、(b) 所示,在生成圆角同时相切于三条曲线,不需要输入半径值,选择三条曲线时需要最后单击选择中间的曲线,即把中间曲线作为第三条曲线,在生成圆角后删除。

【圆角】对话框中的"创建备选圆角"选项，是生成反向圆角曲线，可认为通常的角边线生成的圆角为正向圆角曲线。图 2-48（a）、（b）、（c）、（d）所示分别为对图 2-46（a）所示两条相交线生成的半径为 10 mm 的反向内侧圆角、反向外侧圆角、反向左侧圆角和反向右侧圆角。

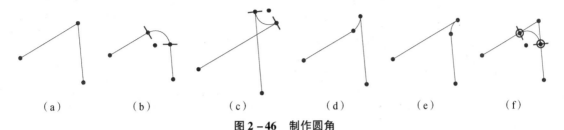

（a）　　　　（b）　　　　（c）　　　　（d）　　　　（e）　　　　（f）

图 2-46　制作圆角

（a）两相交线；（b）内侧圆角；（c）外侧圆角；（d）左侧圆角；（e）右侧圆角；（f）不删除角边线圆角

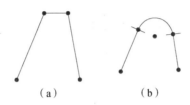

（a）　　　　　　　　（b）

图 2-47　按三条边制作圆角

（a）制作圆角前三条线相交；（b）通过"删除第三条曲线"选项制作圆角

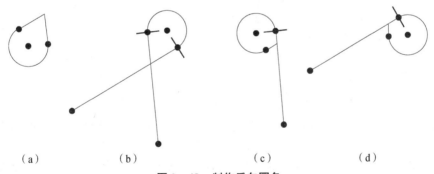

（a）　　　　（b）　　　　（c）　　　　（d）

图 2-48　制作反向圆角

（a）反向内侧圆角；（b）反向外侧圆角；（c）反向左侧圆角；（d）反向右侧圆角

2.5.4　倒斜角

选择【菜单】→【编辑】→【草图曲线】→【倒斜角】命令，弹出【倒斜角】对话框，如图 2-49 所示。可按"对称"方式、"非对称"方式、"偏置和角度"方式进行倒斜角，与圆角命令相同，选择两条相交线后可以移动鼠标位置生成内侧倒斜角、外侧倒斜角、左侧倒斜角和右侧倒斜角。

图 2-50（a）、（b）、（c）、（d）所示便是对图 2-46（a）所示两条相交线生成的偏置距离为 10 mm 的内侧倒斜角、外侧倒斜角、左侧倒斜角和右侧倒斜角。是否勾选"修剪输入曲线"复选框决定了倒斜角后原来的角边线是否删除。

图 2-49 【倒斜角】对话框

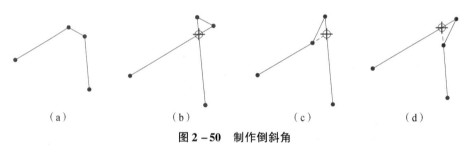

图 2-50 制作倒斜角

(a) 内侧倒斜角；(b) 外侧倒斜角；(c) 左侧倒斜角；(d) 右侧倒斜角

2.5.5 派生直线

对一条直线进行派生直线操作是按一定距离生成直线的平行线；对两条直线进行派生直线操作是生成其中分线，两直线平行时生成的是平行中分线，两条直线相交时生成的是角度中分线。

选择【菜单】→【编辑】→【草图曲线】→【派生直线】命令，该命令没有对话框，处于激活状态时菜单栏中的 ⼃ 图标变成蓝色。单击选择一条直线，然后移动鼠标选择合适的位置单击即可生成其平行线，距离控制操作也可在选择直线后进行，在浮动对话框 偏置 20 中输入偏置距离，按 Enter 键生成一定距离的平行线。假如连续选择两条直线则生成其中分线。退出派生直线操作时，需要再次选择【菜单】→【编辑】→【草图曲线】→【派生直线】命令，释放派生直线命令。

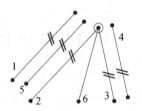

图 2-51 派生直线操作

如图 2-51 所示，直线 4 是对直线 3 进行派生直线操作生成的距离为 10 mm 的平行线；直线 5 是对直线 1，2 进行派生直线操作生成的平行中分线；直线 6 是对直线 2，3 进行派生直线操作生成的角度中分线。

2.5.6 偏置曲线

偏置曲线是按一定距离复制一条或多条平行曲线。操作对象可以是直线，也可以是曲线；可以是开放的曲线，也可以是封闭的曲线。

选择【菜单】→【编辑】→【草图曲线】→【偏置曲线】命令，弹出【偏置曲线】对话框，如图2-52所示。选择要偏置的曲线，输入距离值，输入复制的副本数，单击"确定"按钮即可完成对曲线的偏置操作。

图2-52 【偏置曲线】对话框

对图2-53（a）所示的直线、连续曲线、矩形和样条曲线，进行距离为10 mm、副本数为1的偏置曲线操作，结果如图2-53（b）所示。

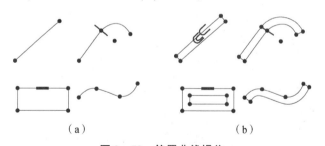

（a） （b）

图2-53 偏置曲线操作

（a）偏置曲线操作前；（b）偏置曲线操作后

2.5.7 阵列曲线

阵列曲线是按一定规律对曲线进行多重复制。

选择【菜单】→【编辑】→【草图曲线】→【阵列曲线】命令，弹出【阵列曲线】对话框，如图2-54所示。首先选择需要阵列复制的曲线；然后选择按"线性"方式阵列复制还是按"圆形"方式阵列复制；在"方向1"栏选择线性阵列复制的矢量方向，可以选择坐标轴，也可以选择直线。如果是圆形阵列复制，这里需要选择旋转点；间距的方式有3

种，根据需要输入数量（阵列复制后曲线的总数）、节距或跨距。对于线性阵列，可以是一维方向的阵列复制，也可以是二维方向的阵列复制。如果对曲线进行二维方向的阵列复制，则勾选"使用方向2"复选框，单击选择阵列复制的另一矢量方向或直线，再输入另一方向曲线的数量、节距或跨距。

图2-55（a）所示为对最左侧圆进行二维方向的线性阵列复制，方向1选择直线1，间距为20 mm，复制后总数为3个；方向2选择直线2，间距为30 mm，复制后总数为2个。

图2-55（b）所示为对最右侧圆进行圆形阵列复制，旋转点选择两线段的交点，复制后的总数为6个，角度间距为60°。

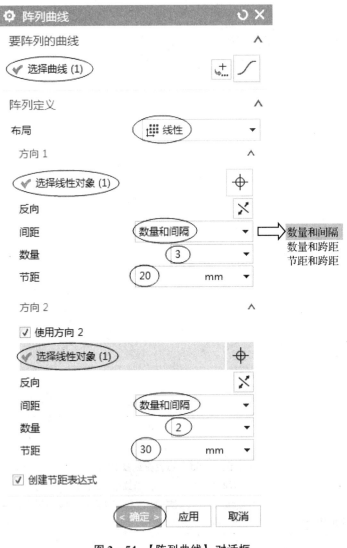

图2-54 【阵列曲线】对话框

2.5.8 镜像曲线

镜像曲线是按镜像中分线对曲线进行对称复制。

选择【菜单】→【编辑】→【草图曲线】→【镜像曲线】命令，弹出【镜像曲线】对

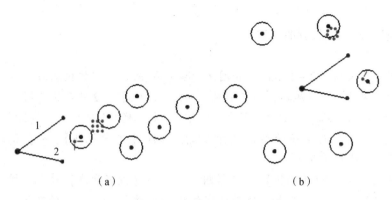

图2-55　阵列曲线操作

（a）线性阵列操作；（b）圆形阵列操作

话框，如图2-56所示。选择需要镜像的曲线，再选择镜像中心线，该中心线可以是矢量轴，也可以是直线，单击"确定"按钮即可完成曲线的镜像对称复制。

图2-57所示为以Y轴为镜像中线线对称复制矩形曲线。

图2-56　【镜像曲线】对话框

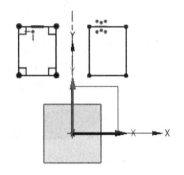

图2-57　镜像曲线操作

2.5.9　投影曲线

可以将空间曲线或实体边线向草图平面内进行投影生成草图曲线。

选择【菜单】→【编辑】→【草图曲线】→【投影曲线】命令，弹出【投影曲线】对话框，如图2-58所示。

在草图状态下，单击选择需要投影的空间曲线或实体边线，单击"确定"按钮即可完成这些曲线在草图平面内的投影。

图2-58　【投影曲线】对话框

（1）打开支持文件"2-1. prt"，如图2-59（a）所示，实体模型为一圆盘。

（2）选择【菜单】→【编辑】→【草图】命令，打开图2-2所示的【创建草图】对话框，选择基准坐标系X-Y坐标平面作为草图绘制平面，单击"确定"按钮进入草图绘制状态。

（3）将鼠标置于视窗空白处单击鼠标右键，选择【定向视图】→【正三轴侧图】命令，将圆盘调成立体视图状态。

（4）选择【菜单】→【编辑】→【草图曲线】→【投影曲线】命令，弹出图2-58所示的【投影曲线】对话框，单击选择圆盘实体模型的顶圆和六个孔的顶圆，单击"确定"按钮，完成曲线的投影操作。

（5）选择【菜单】→【文件】→【完成草图】命令，退出草图状返回建模模块。

（6）将鼠标置于圆盘实体上，待其高亮显示时单击鼠标右键选择【隐藏】命令，隐藏圆盘实体。

图2-59（b）所示为圆盘顶面圆边线和六个孔的顶圆边线向基准坐标系X-Y坐标平面内投影生成的草图曲线。

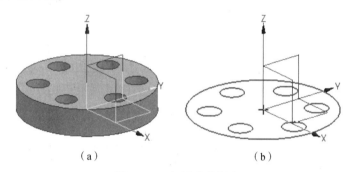

（a）　　　　　　　　　　　　（b）

图2-59　投影曲线操作

（a）圆盘；（b）圆盘顶圆边线及六个孔的顶圆边线的投影曲线

2.6　草图约束

草图约束是确定草图元素几何形状和相互之间的位置关系，像尺寸多大、位置在哪里、对象元素之间是平行还是垂直等。草图约束分为尺寸约束和几何约束。

2.6.1　尺寸约束

尺寸约束是确定草图曲线的形状尺寸和位置尺寸。

选择【菜单】→【插入】→【草图约束】→【尺寸】命令，弹出【尺寸约束】子菜单，如图2-60所示，确定草图曲线的线性、角度、径向和周长尺寸。

在【尺寸约束】子菜单中选择【线性】命令，打开【线性尺寸】对话框，如图2-61所示，选择两个点（直线），然后在"方法"下拉列表中选择需要标注的水平尺寸、竖直尺寸、连线尺寸等类型，拖动鼠标将尺寸放置于合适的位置处单击，在弹出的动态对话框中输入尺寸值，然后按 Enter 键，完成线性尺寸约束。

图 2-60 【尺寸约束】子菜单　　　　图 2-61 【线性尺寸】对话框

在【尺寸约束】子菜单中选择【径向】命令，打开【径向尺寸】对话框，如图 2-62 所示，选择圆弧或圆，然后在"方法"下拉列表中选择标注半径尺寸或直径尺寸，拖动鼠标将尺寸放置于合适的位置处单击，可以在弹出的动态对话框中输入尺寸值，按 Enter 键，完成径向尺寸约束。

在【尺寸约束】子菜单中选择【角度】命令，打开【角度尺寸】对话框，如图 2-63 所示，选择两条角边线，拖动鼠标将尺寸放置于合适的位置处单击，在弹出的动态对话框中输入角度值，按 Enter 键，完成角度尺寸约束。

尺寸约束具有驱动作用，草图曲线随着尺寸的改动而变化。尺寸标注后可以双击进行编辑修改，同时草图曲线也随之改动。

尺寸约束对话框中如果勾选"参考"复选框，尺寸由蓝色变成灰色，尺寸只能参考查看而不能双击修改编辑。尺寸如果呈现红色，表示有尺寸重复或不一致的冲突，比如既标注了圆的直径，又标注了其半径等。

2.6.2　几何约束

几何约束是确定草图曲线相互之间特定的位置关系。

选择【菜单】→【插入】→【草图约束】→【几何约束】命令，弹出【几何约束】对话框，如图 2-64 所示。在"设置"栏中共有 24 种几何约束可以选择，勾选相应复选框后在"约束"栏中显示其约束符号，方便几何约束的选取。表 2-1 所示为几何约束的种类及含义。

图 2 –62 【径向尺寸】对话框   图 2 –63 【角度尺寸】对话框

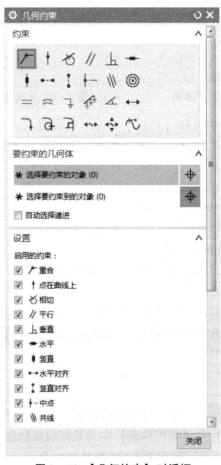

图 2 –64 【几何约束】对话框

表 2-1 几何约束的种类及含义

几何约束	含义
重合 ⌒	定义两对象的点重合，如单独的点、线端点、线中点、圆心等
点在曲线上 ↑	定义一对象的点按最短距离（沿垂直方向）落到曲线上或其延长线上
相切 ⌒	定义两对象相切，如直线、曲线与圆、圆弧相切，圆弧之间相切等
平行 //	定义两直线平行
垂直 ⊥	定义两直线垂直
水平 ―	定义直线成水平线（与 X 轴平行）
竖直 ↕	定义直线成竖直线（与 Y 轴平行）
水平对齐 ⊶	定义两个或多个点呈水平对齐，即这些点的连线与 X 轴平行
竖直对齐 ⁝	定义两个或多个点呈竖直对齐，即这些点的连线与 Y 轴平行
中点 ┼	定义一对象的点按最短距离落在曲线的垂直中分线上
共线 ∖∖∖	定义两直线共线
同心 ◎	定义两圆、圆弧圆心重合
等长 ＝	定义两曲线长度相等
等半径 ≂	定义两圆、圆弧的半径相等
固定 ↴	定义曲线的一个控制点位置固定不变，其余控制点位置可以变化。控制点可以是曲线端点、中点、圆心点、样条曲线的控制点等
完全固定 ⚓	定义曲线所有控制点位置固定不变。通常作为参考的对象，不希望发生变动的对象施加固定约束
定角 ∠	定义直线的角度固定不变，位置与长度可以变化
定长 ↔	定义直线的长度固定不变，位置与角度可以变化
点在线串上 ↱	定义一对象的点按最短距离落在空间曲线向草图平面的投影曲线上，假如点按垂直方向只能落到投影线的延长线上，则该点落在投影线最近的端点上
均匀比例 ⟷	定义样条曲线在移动首、尾两端点时，曲线整体缩放、转动但形状保持不变
非均匀比例 ↭	定义样条曲线在进行移动、缩放、旋转操作时都是整体发生变化
曲线的斜率 ⌒	定义样条曲线的某一控制点与直线的斜率相等
与线串相切 ⌒	约束某一草图曲线与该平面内通过投影曲线或相交曲线生成的草图曲线相切
垂直于线串 ⅃	约束某一草图曲线与该平面内通过投影曲线或相交曲线生成的草图曲线垂直

还有一种对称约束 ⌷ ，约束两曲线对象相对于中心线成对称关系。

选择【菜单】→【插入】→【草图约束】→【设为对称】命令，弹出【设为对称】对话框，如图2-65所示。依次选择需要设为对称的两条曲线和对称中心线，完成对称的设置，两条曲线变得大小相等且相对中心线互为对称。设为对称的两条曲线需要同是两条直线、两个圆、两段圆弧或两个点。勾选"设为参考"复选框与否决定了对称约束后是否将中心线设为参考线。

如图2-66（a）所示，对草图曲线施加"设为对称"约束，设置两段圆弧以直线为中心线成对称关系，效果如图2-66（b）所示，系统默认以上方的圆为参考设置对称。假如希望以下方的圆弧为参考设置对称，则首先对下方的圆施加"完全固定"约束，然后执行"设为对称"约束，效果如图2-66（c）所示。

图2-65 【设为对称】对话框

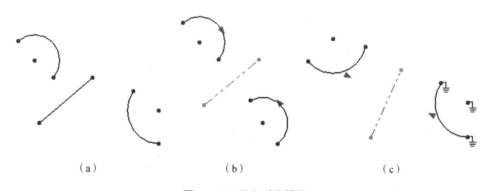

（a）   （b）   （c）

图2-66 设为对称操作

（a）设为对称操作前；（b）参考上方圆弧设为对称操作；（c）参考下方圆弧设为对称操作

 应用案例2-5 几何约束应用

（1）在草图状态下任意绘制一直线和一圆，如图2-67（a）所示。通过几何约束使圆的圆心落到直线的中点上。

（2）选择【菜单】→【插入】→【草图约束】→【几何约束】命令，打开图2-64所示的【几何约束】对话框，在"约束"栏中选择"中点"约束 ┼，激活"选择要约束的对象"，单击选择圆的圆心，激活"选择要约束到的对象"，单击选择直线，这时圆的圆心落到了直线的垂直中分线上，如图2-67（b）所示。

（3）在打开的【几何约束】对话框中，选择"约束"栏中的"点在曲线上"约束 ┼，激活"选择要约束的对象"，单击选择圆的圆心，激活"选择要约束到的对象"，单击选择直线，这时圆的圆心落到了直线的中点上，如图2-67（c）所示。

同样的位置关系，可以通过不同的几何约束方法完成。比如应用案例2-5也可以通过点与点的"重合"约束实现圆的圆心落到直线的中点上的位置关系要求。

打开图2-64所示的【几何约束】对话框，选择"设置"栏中的"重合"约束，激活

"选择要约束的对象"，单击选择圆的圆心，激活"选择要约束到的对象"，单击选择直线的中点，则圆的圆心直接落到了直线的中点上，如图5-67（c）所示。

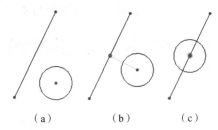

图2-67　几何约束应用

（a）任意绘制圆与直线；（b）对圆心与直线执行"中点"约束；

（c）对圆心与直线执行"点在曲线上"约束

草图约束体现了自由灵活的绘图思路，开始可以以任意大小、任意位置自由绘制草图曲线，然后通过尺寸约束确定其大小和位置、通过几何约束确定其相互之间的位置关系。

2.6.3　约束管理

选择【菜单】→【工具】→【草图约束】命令，弹出【约束管理】子菜单，如图2-68所示。

【显示草图约束】：激活时符号呈蓝色，将约束标记显示出来；再次单击取消激活，草图约束标记不显示。

【显示草图自动尺寸】：激活时符号呈蓝色，在草图绘制过程中自动标注的尺寸显示出来。再次单击取消激活，在草图绘制过程中自动标注的尺寸不显示。

【自动判断约束和尺寸】：定义哪些位置关系和尺寸在绘图过程中自动识别，是否创建要看【创建自动判断约束】是否被激活以及【连续自动标注尺寸】是否被激活。

【创建自动判断约束】：激活时符号呈蓝色，再次单击取消激活。与【自动判断约束和尺寸】配合使用。激活时，在草图绘制过程中，通过【自动判断约束和尺寸】定义的位置关系被自动识别和创建。

【连续自动标注尺寸】：激活时符号呈蓝色，再次单击取消激活。激活时，在草图绘制过程中，曲线的形状尺寸与位置尺寸自动识别并创建。

【自动约束】：所有草图绘制完成后自动添加，该命令不常用，添加约束的前提是该种位置关系必须已经存在，否则是添加不上的。

【草图关系浏览器】：其对话框如图2-69所示，打开显示所有的几何约束和尺寸约束，可以查看浏览，可以通过鼠标右键菜单命令删除。

【转换至/自参考对象】：其对话框如图2-70所示，单击"参考曲线或尺寸"单选按钮，是将草图曲线转变为参考曲线，参考曲线以灰色的双点画线样式显示，比如中心线、辅助线等，只起到参考对照的作用，不参与草图曲线编辑与后续的拉伸、回

⚹	显示草图约束（D）
⚹	显示草图自动尺寸（P）
⚹	自动约束（A）…
⚹	自动尺寸（U）…
⚹	草图关系浏览器（B）…
⚹	动画演示尺寸（M）…
⚹	转换至/自参考对象（V）…
⚹	备选解（O）…
⚹	自动判断约束和尺寸（I）…
⚹	创建自动判断约束（C）
⚹	连续自动标注尺寸（N）

图2-68　【约束管理】

子菜单

转、扫掠等操作。单击"活动曲线或驱动尺寸"单选按钮，是将参考曲线变回草图曲线状态，可以进行编辑以及后续的拉伸、旋转、扫掠等操作。操作的对象可以是标注的尺寸，变成参考对象的尺寸呈灰色，只能参考查看，不能进行编辑与驱动。

图2-69 【草图关系浏览器】对话框

图2-70 【转换至/自参考对象】对话框

2.7 综合实例

设计要求

参照图2-71所示尺寸绘制密封盖板截面草图曲线。

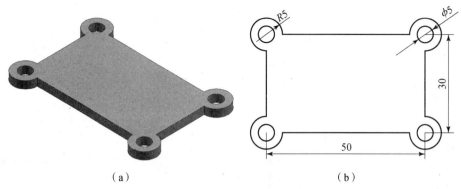

（a）   （b）

图2-71 密封盖板

（a）密封盖板实体模型；（b）密封盖板截面曲线

设计思路

通过草图曲线任意绘制一个矩形和8个圆，通过尺寸约束定义圆与矩形的形状尺寸，通过几何约束完成圆与矩形边线位置关系的确定。

密封盖板截面
草图曲线绘制

设计步骤

（1）确定草图绘制平面。

选择【菜单】→【插入】→【草图】命令，弹出图2-2所示的【创建草图】对话框，选择基准坐标系的X-Y坐标平面为草图绘制平面，单击"确定"按钮进入草图绘制状态。

（2）关闭草图曲线自动标注尺寸功能。

选择【菜单】→【工具】→【草图约束】→【连续自动标注尺寸】命令，取消选择【连续自动标注尺寸】命令，在草图曲线绘制过程中不自动标注尺寸。

（3）任意绘制8个圆和1个矩形曲线。

选择【菜单】→【插入】→【草图曲线】→【圆】命令，弹出图2-36所示的【圆】对话框，任意绘制8个圆。

选择【菜单】→【插入】→【草图曲线】→【矩形】命令，弹出图2-3所示的【矩形】对话框，任意绘制1个矩形。

绘制的圆与矩形曲线如图2-72所示。

（4）通过尺寸约束确定4个圆的直径为10 mm，4个圆的直径为5 mm。

选择【菜单】→【插入】→【草图约束】→【尺寸】→【径向】命令，弹出图2-62所示的【径向尺寸】对话框。选择1个圆，单击并在弹出的对话框中输入直径值10 mm，按Enter键，完成第1个圆的直径的定义。用同样的方法定义第2、3、4个圆的直径为10 mm，定义第5、6、7、8个圆的直径为5 mm。完成尺寸约束后单击"关闭"按钮，退出【径向尺寸】对话框，草图变成图2-73所示式样。

（5）通过尺寸约束确定矩形的长为50 mm，宽为30 mm。

选择【菜单】→【插入】→【草图约束】→【尺寸】→【线性】命令，弹出图2-61所示的【线性尺寸】对话框。选择矩形的水平边，单击并在弹出的对话框中输入长度值50 mm，按Enter键，完成长边的尺寸定义。用同样的方法定义矩形的立边尺寸为30 mm。最后单击"关闭"按钮，退出【线性尺寸】对话框，草图变成图2-74所示式样。

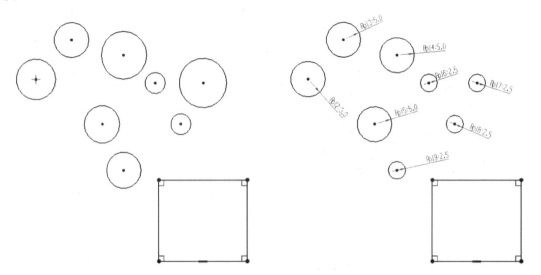

图 2 – 72　任意绘制的 8 个圆和 1 个矩形　　　图 2 – 73　通过"径向尺寸"约束定义 8 个圆的直径

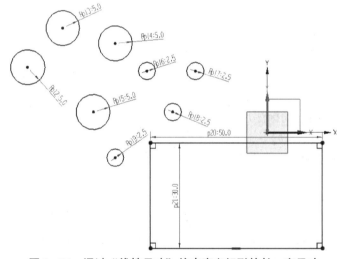

图 2 – 74　通过"线性尺寸"约束定义矩形的长、宽尺寸

（6）通过几何约束将直径为 10 mm 的圆放置于矩形的角点上。

选择【菜单】→【插入】→【草图约束】→【几何约束】命令，弹出图 2 – 64 所示的【几何约束】对话框。选择"设置"栏中的"重合"几何约束 ，激活"选择要约束的对象"，单击选择一个直径为 10 mm 的圆的圆心，然后激活"选择要约束到的对象"，单击选择矩形的一个角点，此时该圆的圆心移动到了矩形角点位置。

用同样的方法将另外 3 个直径为 10 mm 的圆的圆心移动到矩形其余 3 个角点位置。最后单击"关闭"按钮，退出【几何约束】对话框，草图变成图 2 – 75 所示式样。

（7）修剪多余的线段。

选择【菜单】→【编辑】→【草图曲线】→【快速修剪】命令，弹出图 2 – 12 所示的【快速修剪】对话框。单击矩形角点圆内的矩形边线和矩形 4 个角内部的圆弧线，最后单击"关闭"按钮退出【快速修剪】对话框，草图变成图 2 – 76 所示式样。

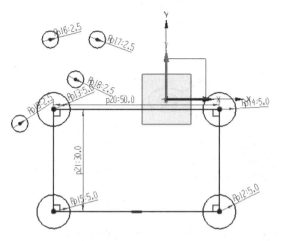

图2-75 通过"重合"几何约束定义4个
大圆的圆心与矩形角点重合

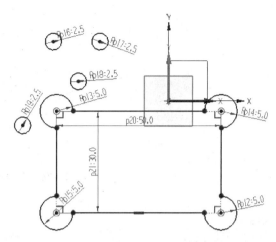

图2-76 修剪多余的线段

（8）通过几何约束将直径为5 mm的圆与直径为10 mm的圆的圆心重合。

选择【菜单】→【插入】→【草图约束】→【几何约束】命令，弹出图2-64所示的【几何约束】对话框。选择"设置"栏中的"重合"几何约束，激活"选择要约束的对象"，单击选择一个直径为5 mm的圆的圆心，然后激活"选择要约束到的对象"，选择矩形一个角点上直径为10 mm的圆的圆心，此时小圆的圆心移动到了大圆的圆心位置，即大、小圆的圆心重合。

用同样的方法将另外3个直径为5 mm的圆的圆心移动到矩形其余3个角点上直径为10 mm的圆的圆心位置。最后单击"关闭"按钮，退出【几何约束】对话框，草图变成图2-77所示式样。

（9）完成草图。

选择【菜单】→【文件】→【完成草图】命令，退出草图状态，返回建模状态，密封盖板截面草图曲线绘制完成，如图2-78所示。

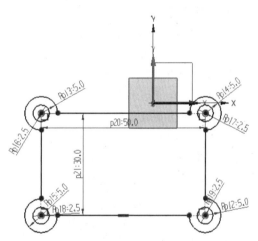

图2-77 通过"重合"几何约束定义4个
小圆的圆心与矩形角点重合

进一步可以对草图曲线进行拉伸操作，生成密封盖板实体模型。选择【菜单】→【插入】→【设计特征】→【拉伸】命令，弹出【拉伸】对话框。参考3.6.1节中图3-114所示的【拉伸】对话框，选择草图，输入"开始"距离0、"结束"距离3 mm，拉伸方向自动识别为草图平面法线方向，单击"确定"按钮，完成密封盖板的建模，如图2-71（a）所示。

本综合实例是为了加深对尺寸约束和几何约束的理解，实际草图曲线绘制过程不是这么复杂烦琐的，尽可能在绘图过程中一步到位，而不是先把图形杂乱无章地勾勒出来，再通过尺寸约束和几何约束定义调整。

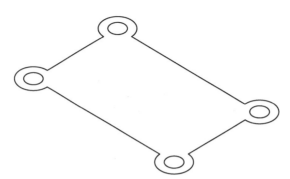

图 2 – 78　密封盖板截面草图曲线

本章小结

本章介绍了草图管理、草图平面的确定、草图曲线的绘制、草图曲线的编辑与操作以及草图约束等内容。草图平面确定与草图曲线的绘制、编辑、操作是本章的重点内容,草图约束是本章的难点内容,草图约束体现了自由绘图的思想,约束的合理设置直接决定了草图绘制的效率与准确性。

思考与练习

1. 思考题

(1) 如何新建一张草图?

(2) 新建草图绘制平面的方法有哪些?

(3) 如何编辑一张草图?

(4) 派生直线和偏置曲线的区别是什么?

(5) 草图曲线绘制的几何约束有哪些种类?

(6) 创建自动判断约束和自动约束操作有何区别?

2. 操作题

(1) 绘制专用扳手截面草图曲线,尺寸如图 2 – 79 所示。

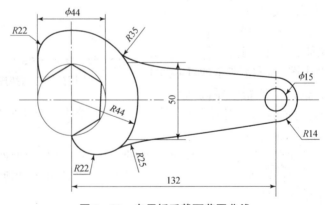

图 2 – 79　专用扳手截面草图曲线

（2）绘制叶片截面草图曲线，尺寸如图2-80所示。

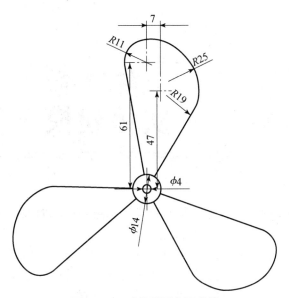

图 2-80　叶片截面草图曲线

第3章
实体建模

实体建模是 UG NX 的核心技术，其初始建模思路是通过曲线扫描运动轨迹创建实体。任何形状的实体都可以通过或者分解后通过拉伸、回转或扫掠的方法创建完成。为了满足方便快速建模的需要，在此基础上开发衍生出许多特征建模方法，如基本体素特征、附着特征等，实现了基于特征的参数化实体建模。一个实体模型或分解的实体模型可以以基本体素特征长方体、圆柱体、圆锥体、球体为基材，通过去除材料，比如孔腔、键槽、螺纹、倒斜角等附着特征，或添加材料，比如凸台、垫块、加强筋等附着特征，然后进行布尔运算（合并、相减、相交）操作，以及实体与特征的移动、旋转、复制、修剪、延伸等操作完成。

学习目标 ▶▶ ▶

- ※ 基准特征
- ※ 基本体素特征
- ※ 布尔运算
- ※ 附着特征
- ※ 扫描特征
- ※ 实体与特征操作
- ※ 实体与特征编辑

3.1 入门引例

设计要求

绘制凉亭模型，如图 3 - 1 所示。

设计思路

凉亭平台、立柱、顶盖及顶部圆球通过基本体素特征绘制，凉亭台阶首先绘制草图截面曲线，然后通过拉伸特征绘制。

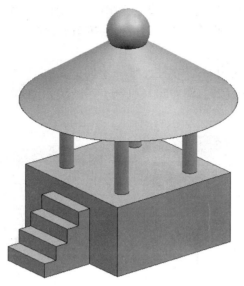

凉亭模型绘制

图 3－1 凉亭模型

设计步骤

1. 绘制 100 mm ×100 mm ×50 mm 的凉亭平台

选择【菜单】→【插入】→【设计特征】→【长方体】命令，弹出【长方体】对话框，如图 3－2 所示，按图输入参数，单击坐标原点绘制凉亭平台，如图 3－3 所示。

图 3－2 【长方体】对话框

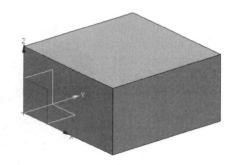

图 3－3 绘制凉亭平台

2. 绘制 φ10 mm ×50 mm 的凉亭立柱

选择【菜单】→【插入】→【设计特征】→【圆柱体】命令，弹出【圆柱】对话框，如图 3－4 所示，单击激活"指定矢量"栏，单击选择 Z 轴，单击激活"指定点"栏，单击

【点】对话框按钮 ⊞ ，弹出【点】对话框，如图 3 - 5 所示，按图输入坐标值，单击 "确定" 按钮，返回图 3 - 4 所示的【圆柱】对话框，按图示设置，单击 "确定" 按钮，完成一个立柱的绘制。

用同样的方法，绘制另外 3 个立柱，唯一不同的是在【点】对话框中输入的坐标值 (X，Y，Z) 不同，分别为 (20，80，50)、(80，20，50)、(80，80，50)，绘制完成的凉亭立柱如图 3 - 6 所示。

图 3 - 4 【圆柱】对话框

图 3 - 5 【点】对话框

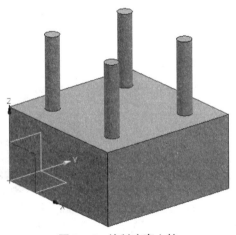

图 3 - 6 绘制凉亭立柱

3. 绘制 φ150 mm × 50 mm 的凉亭顶盖

选择【菜单】→【插入】→【设计特征】→【圆锥】命令，弹出【圆锥】对话框，如图 3 - 7 所示，单击激活 "指定矢量" 栏，单击选择 Z 轴，单击激活 "指定点" 栏，单击

【点】对话框按钮 ，弹出图 3 - 5 所示的【点】对话框，输入坐标值（50，50，100），单击"确定"按钮，返回图 3 - 7 所示的【圆锥】对话框，按图示设置，单击"确定"按钮，完成凉亭顶盖的绘制，如图 3 - 8 所示。

图 3 - 7　【圆锥】对话框

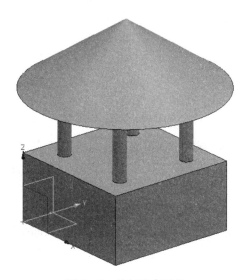

图 3 - 8　绘制凉亭顶盖

4. 绘制 Sφ30 mm 的凉亭顶盖球

选择【菜单】→【插入】→【设计特征】→【球】命令，弹出【球】对话框，如图 3 - 9 所示，单击激活"指定点"栏，单击【点】对话框按钮，弹出图 3 - 5 所示的【点】对话框，输入坐标值（50，50，150），单击"确定"按钮，返回图 3 - 9 所示的【球】对话框，按图示设置，单击"确定"按钮，完成凉亭顶盖球的绘制，如图 3 - 10 所示。

5. 绘制凉亭台阶

选择【菜单】→【插入】→【草图】命令，弹出图 2 - 2 所示的【创建草图】对话框，单击选择凉亭平台的前立面作为草图绘制平面，单击"确定"按钮，进入草图绘制环境。

选择【菜单】→【插入】→【草图曲线】→【轮廓】命令，绘制 4 级 10 mm × 10 mm 的台阶截面线。

选择【菜单】→【文件】→【完成草图】命令，退出草图绘制环境，完成台阶截面线草图的绘制。

图 3 – 9 【球】对话框

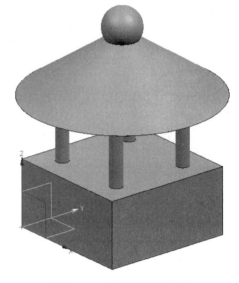

图 3 – 10 绘制凉亭顶盖球

　　将鼠标置于视窗空白处单击鼠标右键，选择【定向视图】→【正三轴测图】命令，将视图方位调整成立体状态，如图 3 – 11 所示。

　　选择【菜单】→【插入】→【设计特征】→【拉伸】命令，弹出【拉伸】对话框，如图 3 – 12 所示，单击激活 "选择曲线" 栏，单击选择刚绘制的台阶截面线，单击激活 "指定矢量" 栏，单击选择 X 轴，单击反向按钮，使矢量指向 X 轴反向，按图示设置其余参数与选项，单击 "确定" 按钮，完成凉亭台阶的绘制，如图 3 – 13 所示。

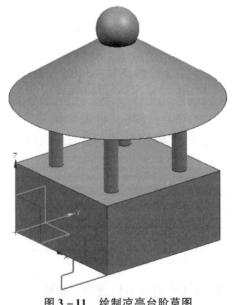

图 3 – 11 绘制凉亭台阶草图

6. 隐藏辅助特征

选择【菜单】→【编辑】→【显示和隐藏】→【显示和隐藏】命令，弹出图 1 – 20 所示的【显示和隐藏】对话框，单击草图和基准后面的减号 ➖，将所有辅助特征草图和基准隐藏，只显示实体特征，单击"确定"按钮，完成凉亭模型的绘制，如图 3 – 1 所示。

图 3 – 12　【拉伸】对话框

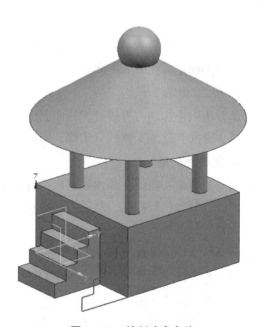

图 3 – 13　绘制凉亭台阶

3.2　基准特征

基准特征是图形绘制过程中使用的参考，共有基准点、基准轴、基准平面和基准坐标系 4 类。

3.2.1　基准点

选择【菜单】→【插入】→【基准/点】→【点】命令，弹出【点】对话框，这是基准点绘制的完整对话框，在"类型"下拉列表中包含了 14 种绘制方法，这比平面草图点的

13 种绘制方法（参见 2.4.1 节）多了一种"面上的点"绘制方法，该方法是只在指定的面上绘制点，该面可以是平面，也可以是曲面，可以是单独的空间曲面，也可以是实体的表面。图 3 – 14 所示为"面上的点"方法的【点】对话框，直接在一个面上单击点，此时在"U 向参数"和"V 向参数"框中动态显示该点在面上的位置，U 通常表示水平方向，V 通常表示竖直方向，参数以 0～1 表示 0～100% 的位置；不用鼠标单击，在该栏内输入点的位置参数，按 Enter 键也可以指定一个点；最后单击"确定"按钮，完成一个点的绘制。其余方法与草图点的绘制相同，这里不做赘述。

当绘制的点有具体的坐标值时，可以在【点】对话框的"输出坐标"栏中直接输入坐标（X、Y、Z），按 Enter 键指定。

3.2.2　基准轴

选择【菜单】→【插入】→【基准/点】→【基准轴】命令，弹出【基准轴】对话框，在"类型"下拉列表中可选择 8 种常用的创建方法，如图 3 – 15 所示。

1. 交点

"交点"应翻译成"交线"，按两平面的交线作为基准轴的方向，该平面可以是坐标平面、基准平面或实体的表平面。

2. 曲线/面轴

该方法以坐标轴、直线或回转曲面的轴线方向作为基准轴的方向。直线可以是草图绘制的直线、空间直线或实体的直边线；回转曲面可以是圆柱面、圆锥面、球面等。

3. 曲线上矢量

该方法指定一曲线，该曲线可以是直线或曲线，过该曲线某一点，该点位置可以实际长度距离或百分比位置控制，然后，或者切线，或者平行于某一矢量，或者垂直于某一矢量的方向，作为基准轴的方向。

4. XC/YC/ZC 轴

这 3 种方法以工作坐标系的 XC/YC/ZC 轴作为基准轴的方向。

5. 点和方向

该方法指定一点，过该点平行于或垂直于某一矢量，如草图绘制的直线、空间直线、实体的直边线等，以该方向作为基准轴的方向。

6. 两点

该方法指定两个点，以该两点的连线方向作为基准轴的方向。

以上基准轴的正、反向可以通过单击对话框中的"反向"按钮 ⤡ 调整。

3.2.3　基准平面

选择【菜单】→【插入】→【基准/点】→【基准平面】命令，弹出【基准平面】对话框，如图 3 – 16 所示，其操作与草图平面的创建相同，共有 14 种创建方法，参见 2.3 节。

图 3 – 14　【点】对话框

图 3 – 15　【基准轴】对话框

图 3 – 16　【基准平面】对话框

3.2.4 基准坐标系

基准坐标系的含义与操作在第 1 章中已经介绍，其创建方法参见 1.4.3 节。

3.3 基本体素特征

为方便快速地进行实体建模，UG NX 设计了最常使用的基本体素特征——长方体、圆柱体、圆锥体和球体，通过输入参数可以直接创建实体。

3.3.1 长方体

选择【菜单】→【插入】→【设计特征】→【长方体】命令，弹出【长方体】对话框，如图 3-17 所示，在"类型"下拉列表中可以选择 3 种绘制长方体的方法。

1. 原点和边长

原点是指正视长方体时的后立面左下角点，指定该点的位置，再在对话框中输入长方体的长度、宽度和高度数值，便可绘制长方体。

2. 两点和高度

指定长方体的底面两对角点，再在对话框中输入高度值，便可绘制长方体。对话框中的"原点"为后立面左下角点，"从原点出发的点"为前立面右下角点。

使用这种方法时要注意，指定的两点其 X 或 Y 坐标值不能相同，否则，长方体的长度或宽度为零，无法绘制长方体，此时会弹出提示框，如图 3-18（a）、（b）所示。

图 3-17 【长方体】对话框

3. 两个对角点

该方法通过指定长方体的两个体对角点绘制长方体。对话框中的"原点"为后立面左下角点，"从原点出发的点"为前立面右上角点。

使用这种方法时要注意，指定的两点其 Z 坐标值不能相同，否则，长方体的高度方向没有高度差，无法绘制长方体，此时也会弹出提示框，如图 3-18（c）所示。

绘制长方体的关键是点的选择，选择原点或对角点时，可以在视窗中选择单击选取，也可以在对话框中单击【点】对话框按钮 ，此时弹出图 3-14 所示的【点】对话框，通过基准点完整的 14 种方法确定，参见 3.2.1 节。

| （a） | （b） | （c） |

图 3-18 【长方体】提示框

3.3.2 圆柱体

选择【菜单】→【插入】→【设计特征】→【圆柱体】命令，弹出【圆柱】对话框，如图 3-19 所示，在"类型"下拉列表中可以选择两种绘制圆柱体的方法。

1. 轴、直径和高度

确定圆柱体的中心轴向和底面圆心位置，输入直径值和高度值，便可绘制圆柱体。

确定圆柱体的中心轴时，单击激活"指定矢量"栏，单击【矢量】对话框按钮 ，弹出【矢量】对话框，如图 3-20 所示，这与 3.2.2 节所介绍的确定基准轴的操作相同，这里不做赘述。

确定圆柱体底面圆心点时，单击激活"指定点"栏，单击 按钮，弹出图 3-14 所示的【点】对话框，通过基准点的绘制方法确定。

2. 圆弧和高度

选择现有的圆弧，以其直径为圆柱体的直径，以圆弧的圆心为圆柱体的底面圆心，再输入圆柱体的高度值，便可绘制圆柱体。

图 3-19 【圆柱】对话框

图 3-20 【矢量】对话框

3.3.3 圆锥体

选择【菜单】→【插入】→【设计特征】→【圆锥】命令，弹出【圆锥】对话框，如图 3-21 所示，在"类型"下拉列表中有 5 种绘制圆锥体的方法。

1. 直径和高度

确定圆锥体的中心轴、底面圆心，再输入底部直径、顶部直径和高度，便可绘制圆锥体。当输入的顶部直径为零时，绘制的是圆锥体；当输入的顶部直径不为零时，绘制的是圆锥台。

圆锥体的中心轴和底面圆心的确定又分别属于基准轴和基准点的绘制操作。

2. 直径和半角

圆锥体的中心轴、底面圆心分别通过基准轴和基准点的方法确定之后，再输入底部直径、顶部直径和中心轴与母线之间的半角，便可绘制圆锥体。

3. 底部直径高度和半角

圆锥体的中心轴、底面圆心分别通过基准轴和基准点的方法确定之后，再输入底部直径、高度和中心轴与母线之间的半角，便可绘制圆锥体。

4. 顶部直径高度和半角

圆锥体的中心轴、底面圆心分别通过基准轴和基准点的方法确定之后，再输入顶部直径、高度和中心轴与母线之间的半角，便可绘制圆锥体。

5. 两个共轴的圆弧

选择共轴的两个圆弧，该圆弧可以是整圆，也可以是部分圆弧，分别作圆锥台的顶圆和底圆，将圆弧之间的距离作为圆锥台高度，这样可以绘制一个圆锥台。

3.3.4 球

选择【菜单】→【插入】→【设计特征】→【球】命令，弹出【球】对话框，如图3-22所示，在"类型"下拉列表中有2种绘制球体的方法。

图 3-21 【圆锥】对话框

图 3-22 【球】对话框

1. 中心点和直径

按基准点的方法绘制球心点，再输入直径值便可绘制球体。

2. 圆弧

选择一整圆或部分圆弧，以圆弧圆心为球心，以圆弧直径为球体直径，便可绘制球体。

3.4　布尔运算

布尔运算是对相交实体进行的合集、差集与交集运算。

3.4.1　合并

合并是将两相交的实体合并为一个实体。

选择【菜单】→【插入】→【组合】→【合并】命令，弹出【合并】对话框，如图3-23所示。

3.4.2　相减

相减是将两个实体相交，从实体中减去与之相交的部分。

选择【菜单】→【插入】→【组合】→【减去】命令，弹出【求差】对话框，如图3-24所示。

图3-23　【合并】对话框

图3-24　【求差】对话框

3.4.3　相交

相交是生成两个相交实体的公共部分，即重合的实体。

选择【菜单】→【插入】→【组合】→【相交】命令，弹出【相交】对话框，如图3-25

所示。

布尔运算是针对相交的实体的运算操作，相交通常是指实体相交，不可以是线相交或点相交，但合并运算是允许面相交的。否则，如果两实体不相交，或相交的是点或线，或对于相减、相交操作的面相交，都会弹出【警报】提示框，如图 3-26 所示。

图 3-25 【相交】对话框　　　　　　　图 3-26 【警报】提示框

 应用案例 3-1　布尔运算操作

绘制两个相交的长方体和圆柱体，然后进行布尔运算操作。

1. 绘制长方体

选择【菜单】→【插入】→【设计特征】→【长方体】命令，弹出【长方体】对话框，按图 3-27 所示设置，单击选择坐标原点处，绘制边长均为 100 mm 的长方体。

2. 绘制圆柱体

选择【菜单】→【插入】→【设计特征】→【圆柱体】命令，弹出【圆柱】对话框，按图 3-28 所示设置，单击激活"指定矢量"栏，单击选择基准坐标系的 Z 轴为圆柱体中心轴；单击激活"指定点"，单击选择坐标原点，最后单击"确定"按钮，绘制直径、高度均为 100 mm 的圆柱体。

绘制完成的长方体和圆柱体如图 3-29 所示。

3. 合并操作

选择【菜单】→【插入】→【组合】→【合并】命令，弹出图 3-23 所示的【合并】对话框，单击激活"目标"栏，单击选择长方体；单击激活"工具"栏，单击选择圆柱体；单击"确定"按钮，完成合并操作，两实体中间部分的相交线消失，变成一个实体，如图 3-30 所示。

由于是合并操作，相交的两实体哪个作为目标体，哪个作为工具体不影响运算结果。

4. 相减操作

选择【菜单】→【插入】→【组合】→【减去】命令，弹出图3-24所示的【求差】对话框，单击激活"目标"栏，单击选择图3-29中的长方体；单击激活"工具"栏，单击选择圆柱体，单击"确定"按钮，完成相减操作，在长方体中减去了相交的部分，如图3-31所示。假如目标体选择圆柱体，工具体选择长方体，则相减运算结果如图3-32所示。相减操作的目标体和工具体选择要区分开来，目标体就是操作后要保留的实体，工具体就是操作后要去掉的实体。

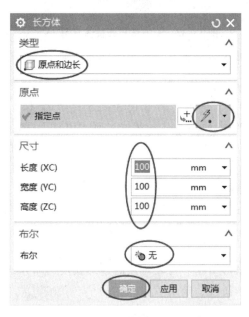

图3-27 【长方体】对话框

图3-28 【圆柱】对话框

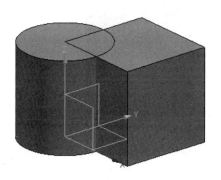

图3-29 长方体与圆柱体

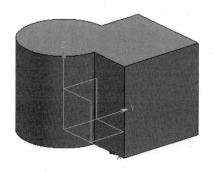

图3-30 长方体与圆柱体合并

5. 相交操作

选择【菜单】→【插入】→【组合】→【相交】命令，弹出图3-25所示的【相交】对话框，单击激活"目标"栏，单击选择图3-29中的长方体；单击激活"工具"栏，单击选择圆柱体；单击"确定"按钮，完成相交操作，只保留了两实体相交的部分，如图3-33所示。

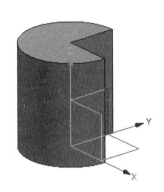

图3-31 圆柱体与长方体求差

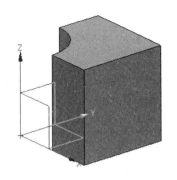

图3-32 长方体与圆柱体求差

对于相交操作，两个实体哪个作为目标体，哪个作为工具体不影响运算结果。

6. 制作镶块

选择【菜单】→【插入】→【组合】→【相交】命令，弹出图3-25所示的【相交】对话框，单击激活"目标"栏，单击选择图3-29中的圆柱体；单击激活"工具"栏，单击选择长方体，在"设置"栏中勾选"保存目标"复选框，单击"确定"按钮，完成相交操作并退出对话框。

选择【菜单】→【插入】→【组合】→【减去】命令，弹出图3-24所示的【求差】对话框，单击激活"目标"栏，单击选择圆柱体；单击激活"工具"栏，单击刚才相交操作生成的小扇形实体，在"设置"栏中勾选"保存工具"复选框，单击"确定"按钮，完成相减操作并退出对话框。

图3-34所示为操作结果，生成了圆柱体的扇形凹槽和与之对应的扇形镶块。布尔运算中保存目标体、保存工具体的操作经常使用，操作简便，节省步骤。

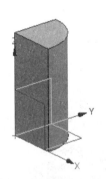

图3-33 长方体与圆柱体交集

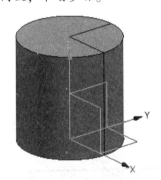

图3-34 在圆柱体上制作扇形镶块

3.5 附着特征

附着特征是指附着于实体上的几何造型，如孔、凸台、筋板、螺纹等。

3.5.1 孔

在实体上生成的孔特征有圆柱孔、锥孔、沉头孔、螺纹孔、通孔、盲孔等多种形式。

选择【菜单】→【插入】→【设计特征】→【孔】命令，弹出【孔】对话框，如图3－35所示。

在"类型"下拉列表中有5种类型的孔可以绘制。

（1）常规孔：绘制圆柱孔、锥形孔、沉头孔和埋头孔；

（2）钻形孔：绘制的是标准钻头钻出的孔。相比较，常规孔可以是钻头钻的孔，也可以是铣刀铣削的孔，还可以是车刀车出的孔；

（3）螺钉间隙孔：生成的孔是专门配合螺栓使用的，是根据螺栓大径尺寸加一定的配合间隙生成的；

（4）螺纹孔：绘制螺纹孔；

（5）孔系列：将多个实体组合在一起打孔。

在"位置"栏中确定打孔的位置。单击绘制截面按钮，进入草图绘制环境，通过草图绘制点的方法在选定的草图平面上绘制一个或多个点以确定打孔的位置，草图绘制点参考2.4.1节。

在"方向"栏中确定打孔的方向，通常选择"垂直于面"选项，当需要打斜孔时，则选择"沿矢量"选项，单击【矢量】对话框按钮，弹出图3－20所示的【矢量】对话框，通过3.2.2节中介绍的基准轴的绘制方法确定打孔的方向。

在"成形"栏中，选择生成的孔是"简单孔""沉头孔""埋头孔"或"锥孔"，不同形式的孔其"尺寸"栏的会有所区别，根据需要输入不同的参数值。

在"深度限制"下拉列表中有4种设置。

（1）值：按输入的深度值打孔；

（2）直至选定：将孔打到指定的位置；

（3）直至下一个：将孔打到本段实体结束的位置；

（4）贯通体：贯穿整个实体打孔。

图3－36所示为在实体的顶面上绘制点，然后在该点位置生成的各种形式与深度限制的孔。直至选定的孔，其指定的位置在选定的面处；斜孔指定的矢量方向为前立面左下角点与右上角点的连线方向。

绘制钻形孔时，【孔】对话框的"形状和尺寸"栏变成图3－37所示式样，在"等尺寸配对"下拉列表中，选择"Exact"选项时，可以在"大小"下拉列表中选择需要的钻头尺寸，假如所需尺寸超出了下拉列表中的数值，则选择"Custom"选项，可以在"直径"框中手工输入钻头直径，"Custom"是"用户定制"的意思。

绘制螺钉间隙孔时，【孔】对话框的"形状和尺寸"栏变成图3－38所示式样，在"螺丝规格"下拉列表中选择螺栓型号，在"等尺寸配对"下拉列表中选择一种配合方式。配合方式分如下3种。

（1）Close（H12）：紧配合，配合公差等级为12级；

（2）Normal（H13）：适中配合，配合公差等级为13级；

（3）Loose（H14）：松配合，配合公差等级为14级。

选择配合方式后，对应螺栓规格，打孔的直径尺寸便被自动识别，"直径"框也是灰色的不可改动。

图3-35 【孔】对话框

图3-36 各种类型孔的绘制

　　假如这3种配合方式决定的孔的尺寸均不理想，则在"等尺寸配对"下拉列表中选择"Custom"选项，然后在激活的"直径"框中输入孔的尺寸值。

图3-37 钻形孔参数设置

图3-38 螺钉间隙孔参数设置

绘制螺纹孔时，【孔】对话框的"形状和尺寸"栏变成图3-39所示式样，可以选择螺纹规格，设置螺纹深度，选择左旋、右旋等。

在【孔】对话框的"类型"下拉列表中选择"孔系列"选项时，其中的"规格"栏如图3-40所示。该方式相当于将一系列叠放在一起的板一起打孔，通过螺栓紧固起来。可以对第一块板、中间的一系列板、最后一块板分别设置不同的孔形式和尺寸。

单击"起始"选项卡，设置第一块板的螺栓孔尺寸，选择螺栓规格、配合方式等。

单击"中间"选项卡，设置中间一系列板的尺寸，通常勾选"匹配起始孔的尺寸"复选框，也可以不勾选，设置不同的尺寸，如图3-41所示。

单击"端点"选项卡，设置最后一块板的孔形式和尺寸。最后一块板可以是光孔，这些板是通过螺栓和螺母紧固在一起的。最后一块板也可以是螺纹孔，这些板是由螺栓拧到最后一块板上紧固起来的。孔的尺寸可以匹配起始孔的尺寸，也可以设置其他尺寸，如图3-42所示。

图3-39 螺纹孔参数设置

图3-40 孔系列起始孔参数设置

3.5.2 凸台

可以在实体的表平面上设置圆柱或圆锥凸台。

【凸台】命令处于隐藏状态，需要调出并添加到菜单栏中。如图3-43所示，在UG NX操作界面右上角查找命令栏中输入"凸台"，单击查询按钮 🔍 ，弹出查询到的凸台命令，单击其右侧的下拉箭头，在弹出的选项中选择"在菜单上显示"选项，此时该凸台命令便存放于菜单栏中。

图 3 – 41　孔系列中间孔参数设置

图 3 – 42　孔系列终止孔参数设置

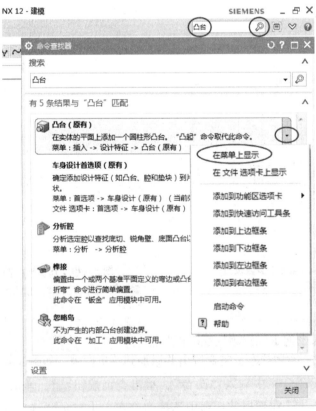

图 3 – 43　查找凸台命令放于菜单栏中

选择【菜单】→【插入】→【设计特征】→【凸台】命令，弹出【支管】对话框，如图3-44所示。这里"支管"翻译成"凸台"比较好。输入凸台的直径、高度，如果是圆锥台，还要输入锥度，然后在需要放置的平面上单击，即可生成凸台，单击"确定"按钮，完成操作并退出对话框。此时弹出【定位】对话框，如图3-45所示，选择一种方式对凸台放置的位置进行定位，定位后单击"确定"按钮完成凸台的绘制。

凸台定位共有6种方法。

（1）水平 ⌙⁺₁：定义点与点之间的水平距离；

（2）竖直 ⌐⁺：定义点与点之间的竖直距离；

（3）平行 ⤢：定义点与点之间的连线距离；

（4）垂直 ⤢：定义点与线的之间垂直距离；

（5）点落在点上 ⤢：定义点与点重合；

（6）点落在线上 ⊥：定义点沿垂直方向落到线上。

图3-44 【支管】对话框

图3-45 【定位】对话框

 应用案例3-2　绘制凸台

（1）通过【长方体】命令在坐标原点位置绘制一长30 mm、宽30 mm、高5 mm的方板，如图3-46所示。

（2）选择【菜单】→【插入】→【设计特征】→【凸台】命令，弹出图3-44所示的【支管】对话框，在"直径""高度""锥角"框中分别输入"5""5""0"，鼠标在方板的顶面任意位置单击放置凸台，然后单击"确定"按钮，弹出图3-45所示的【定位】对话框。

（3）假如要求凸台放置到方板顶面中心位置，则按第4种方式定位，通过点与线的垂直距离进行定位。单击垂直按钮 ⤢ ，这时查看提示栏，要求选择目标边，单击选择方板1处边线，此时自动测出凸台底部圆心与该边的垂直距离，并标注在【定位】对话框中，将数值修改成"15"，即该方向上边长的一半，单击"应用"按钮，完成操作后仍保留【定位】对话框。

再一次点击垂直按钮，单击选择方板3处边线，此时自动测出凸台底部圆心与该边的垂直距离，并标注在【定位】对话框中，将数值修改成"15"，即该方向上边长的一半，单击"确定"按钮完成操作并退出对话框。这时凸台定位在方板顶面中心位置，如图3-47所示。

本操作相当于通过单击两次垂直按钮定位凸台。

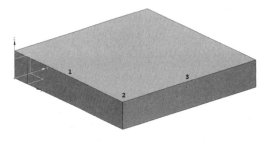

图3-46 方板

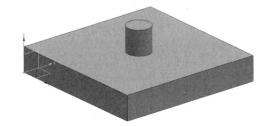

图3-47 凸台定位在方板顶面中心位置

将凸台定位到方块顶面的中心位置也可以通过单击一次水平按钮和单击一次竖直按钮完成。

（4）单击水平按钮，弹出【水平参考】对话框，如图3-48所示，在这里确定哪个方向是水平方向，单击选择方块1处边线，即定义1处边线为水平方向，测得的点与点的水平距离均是沿该方向的距离，点与点的竖直距离均是沿该方向的垂直方向。此时提示栏提示选择目标对象，实际就是选择凸台之外的参考点，单击方板2处点，这里虽然单击时边高亮显示，实际是选择靠近该边一端的端点，此时2处端点与凸台底部圆心的水平方向距离自动测出，并标注在【定位】对话框中，将其修改成"15"，单击"应用"按钮，执行操作，仍保留对话框。

（5）单击竖直按钮，提示栏提示选择目标对象，单击选择方板2处点，虽然这里单击时边高亮显示，实际是选择该边靠近一端的端点，此时2处端点与凸台底部圆心的竖直方向距离自动测出，并标注在【定位】对话框中，将其修改成"15"，单击"确定"按钮，完成操作并退出对话框。这时便看到凸台定位在方板顶面中心位置。

本操作是通过单击一次水平按钮和单击一次竖直按钮定位凸台。

假如需要将凸台放置在1处边线的中间位置，则第（3）步操作如下。

单击点落在线上按钮，单击选择方板1处边线，再单击平行按钮，单击选择方板2处点，此时2处端点与凸台底部圆心的连线距离自动测出，并标注在【定位】对话框中，将其修改成"15"，单击"确定"按钮，完成操作并退出对话框。这时看到凸台定位在方板1处边线的中间位置，如图3-49所示。

该操作是通过单击一次点落在线上按钮和单击一次平行按钮定位凸台。

假如需要将凸台定位在方板2处点上，则第（3）步操作如下。

单击点落在点上按钮，单击选择方板2处点，凸台立即定位在2处端点上，凸台底部圆心与2处端点重合，如图3-50所示。

图 3-48 【水平参考】对话框

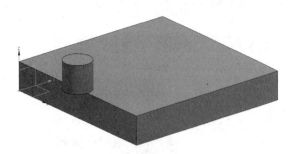

图 3-49 凸台定位在方板顶面边线上

点落在点上按钮 ⬦ 在定位时经常使用，比如在圆盘顶面上绘制凸台，目标点选择圆盘的圆心，可将凸台直接放置在中心位置，如图 3-51 所示，请读者自行练习操作。

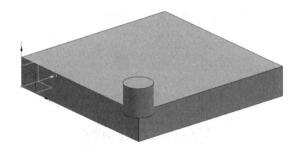

图 3-50 凸台定位在方板顶面顶点上

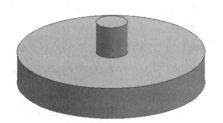

图 3-51 圆心点凸台定位在圆盘圆心上

3.5.3 腔

自实体表面开始挖除材料生成孔腔。

【腔】命令处于隐藏状态，按 3.5.2 节所介绍的方法查找【腔】命令并将其放于菜单栏中。

选择【菜单】→【插入】→【设计特征】→【腔】命令，弹出【腔】对话框，如图 3-52 所示，可生成圆柱形、矩形、常规孔腔。下面通过实例学习各种孔腔的创建方法。

 应用案例 3-3 圆柱形孔腔的绘制

（1）在坐标原点位置绘制一长 30 mm、宽 30 mm、高 5 mm 的方板，如图 3-46 所示。

（2）选择【菜单】→【插入】→【设计特征】→【腔】命令，弹出图 3-52 所示的【腔】对话框，单击"圆柱形"按钮，弹出图 3-53 所示的【圆柱腔】放置面对话框，单击选择方板顶面放置孔腔，弹出图 3-54 所示的【圆柱腔】参数对话框，按图示输入直径 7 mm、深度 2 mm，其中如果设置锥角，则生成圆锥台或圆锥孔腔；如果设置底圆半径，则对孔腔底边倒圆。输入参数后，单击"确定"按钮，弹出图 3-55 所示的【定位】对话框，这便是对孔腔在方板顶面的定位，操作与3.5.2节中凸台的定位相同。请读者自行操作，将孔腔放置于方板的中央位置，如图3-56所示。

需要注意，这里有9种定位方法，比凸台定位多了3种线与线之间的定位方法，在本次圆柱形孔腔的定位中暂时用不到。

图3-52 【腔】对话框

图3-53 【圆柱腔】放置面对话框

图3-54 【圆柱腔】参数对话框

图3-55 【定位】对话框

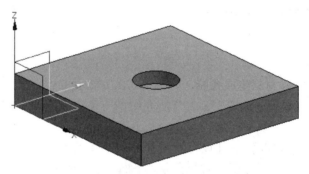

图3-56 方板顶面中心圆柱腔的绘制

 应用案例3-4 矩形孔腔的绘制

（1）在坐标原点位置绘制一长30 mm、宽30 mm、高5 mm的方板，如图3-46所示。

（2）选择【菜单】→【插入】→【设计特征】→【腔】命令，弹出图3-52所示的【腔】对话框，单击"矩形"按钮，弹出图3-57所示的【矩形腔】放置面对话框，单击选择方板顶面放置孔腔，弹出图3-48所示的【水平参考】对话框，这是指定哪个方向是矩形孔腔的长度方向，单击选择方板1处边线，即定义了矩形的长度方向是沿着1处边线的方向，矩形的宽度方向就是沿着 1 处边线垂直的方向。此时弹出图 3-58 所示的【矩形腔】参数对话框，按图示设置，其中如果设置锥角则生成梯形孔腔；如果设置角半径则对孔腔棱边倒圆；如果设置底圆半径则对孔腔底边倒圆。输入参数后，单击"确定"按钮，弹出图 3-55 所示的【定位】对话框，这里共有 9 种定位方法，比凸台的 6 种定位方法多出 3 种线与线之间的定位，含义如下。

①按一定距离平行 ⊥：定义线与线之间的平行距离。假如两线起始不平行，要先变得平行，再成一定距离。

②斜角 △：定义线与线之间的角度。

③线落在线上 ⊥：定义线与线重合。

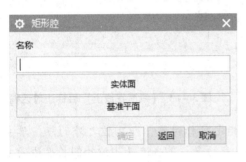

图 3-57 【矩形腔】放置面对话框

图 3-58 【矩形腔】参数对话框

（3）如果要将矩形孔腔放置到方板顶面中央位置，既可使用点与点的定位方法，也可使用点与线的定位方法，这里学习使用线与线的定位方法完成定位。

单击【定位】对话框中的按一定距离平行按钮 ⊥，弹出图 3-59 所示的【按给定距离平行】目标边对话框，观察提示栏，需要指定目标边，即孔腔之外的边线，单击方板 1 处边线，对话框变成图 3-60 所示式样，提示栏要求指定工具边，即孔腔自身的边线，单击选择孔腔长度方向的中心线，此时自动测出孔腔长度方向中心线与 1 处边线的平行距离，并标注在弹出的图 3-61 所示的【创建表达式】对话框中，将数值修改成"15"，单击"确定"按钮，又返回【定位】对话框。

再次单击按一定距离平行按钮 ⊥，按上述方法定义方板 2 处边线与矩形孔的宽度中心线之间的平行距离为 15 mm。两次定位后，孔腔位置完全定位，放置到方板中央位置，如图 3-62 所示。

图 3-59 【按给定距离平行】目标边对话框

图 3-60 【按给定距离平行】工具边对话框

图 3-61 【创建表达式】对话框

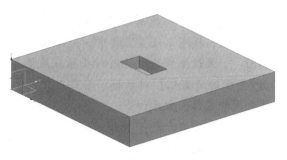

图 3-62 绘制中心矩形腔

如果使矩形孔腔沿着方板 1 处边线在中间位置生成，则第（3）步操作如下。

单击【定位】对话框中的线落在线上⏚按钮，弹出图 3-63 所示的【线落在线上】目标边对话框，观察提示栏，需要指定目标边，即孔腔之外的边线，单击方板 1 处边线，对话框变成图 3-64 所示式样，提示栏要求指定工具边，即孔腔自身的边线，单击选择孔腔外侧长度边，又返回图 3-55 所示的【定位】对话框，单击平行按钮，弹

图 3-63 【线落在线上】目标边对话框

出图 3-65 所示的【平行】对话框，提示栏要求指定目标对象，即孔腔之外的点，单击方板 2 处点，提示栏又要求指定工具对象，即孔腔自身的点，单击选择孔腔外侧长度边的右侧点，此时自动测出此两点的连线距离，并标注在弹出的图 3-61 所示的【创建表达式】对话框中，将数值修改成"11.5"，单击"确定"按钮，完成孔腔定位，如图 3-66 所示。

图 3-67 所示为使用斜角⟋定位方法，定位方板 1 处边线与矩形孔腔的长度方向中心线成 45°角的结果，请读者自行练习操作。

图 3-64 【线落在线上】工具边对话框

图 3-65 【平行】对话框

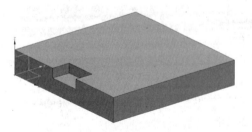

图 3-66 矩形腔定位在方板顶面边线位置

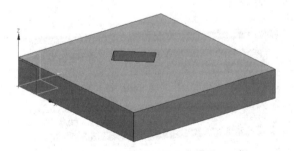

图 3-67 矩形腔方板顶面按角度定位

应用案例3-5 常规孔腔的绘制

以常规方式绘制孔腔的优势在于可以绘制异形孔腔，可以通过孔腔截面形状曲线绘制孔腔。

（1）打开支持文件"3-1.prt"，如图3-68所示，通过方板顶部草图绘制的多边形创建异形孔腔。

（2）选择【菜单】→【插入】→【设计特征】→【腔】命令，弹出图3-52所示的【腔】对话框，单击"常规"按钮，弹出【常规腔】放置面对话框，如图3-69所示。操作分4步，分别单击"选择步骤"栏中的4个按钮完成。

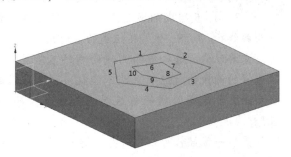

图3-68 方板及异形腔截面曲线

（3）单击放置面按钮 ，单击选择方板顶面作为孔腔放置面。

（4）单击放置面轮廓按钮 ，依次连续单击方板顶面的曲线1，2，3，4，5。

（5）单击底面按钮 ，对话框变成图3-70所示式样，按图示设置，指定孔腔深度为2 mm。

图3-69 【常规腔】放置面对话框

图3-70 【常规腔】底面对话框

（6）单击底面轮廓按钮，依次连续单击方板顶面的曲线6，7，8，9，10。

最后单击"应用"按钮，完成异形孔腔的绘制，如图3-71所示，孔腔顶部截面曲线为曲线1，2，3，4，5组成的多边形，孔腔底部截面曲线为曲线6，7，8，9，10组成的多边形。

需要注意，选择截面曲线的顺序不能乱，两次选择的曲线的对应关系也不能乱，因为孔腔的

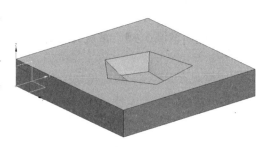

图3-71　绘制异形腔

成型面需要选择曲线的首尾对应，点乱顺序和对应关系会使创建孔腔失败或生成扭曲的孔腔。

最后一步操作可以不进行，这时只根据顶部截面形状曲线创建异形孔腔，在第（5）步操作结束时，单击"应用"按钮即可，绘制的孔腔如图3-72所示。

当只根据顶部截面形状曲线创建异形孔腔时，可以设置孔腔的锥角，生成的孔腔带有一定的锥度。

对话框中的放置面半径是对孔腔顶部边线倒圆，底面半径是对孔腔底部边线倒圆，角半径是对孔腔的棱边倒圆。图3-73所示为设置放置面半径、底面半径、角半径均为1 mm的式样。

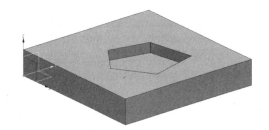

图3-72　由顶部截面曲线绘制异形孔腔

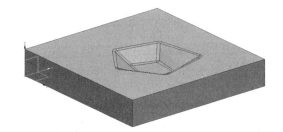

图3-73　异形孔腔设置圆角

3.5.4　垫块

在实体表面上添加材料生成垫块。

【垫块】命令处于隐藏状态，按3.5.2节所介绍的方法查找【垫块】命令并将其放于菜单栏中。

选择【菜单】→【插入】→【设计特征】→【垫块】命令，弹出【垫块】对话框，如图3-74所示，可生成矩形垫块和常规垫块，其创建方法与3.5.3节中矩形孔腔和常规孔腔的操作相同，这里不做赘述。

图3-75所示为按应用案例3-4的参数创建的放置于方板顶面中央的矩形垫块，图3-76所示为按应用案例3-5的支持文件和参数创建的异形垫块，请读者自行练习操作。

图3-74　【垫块】对话框

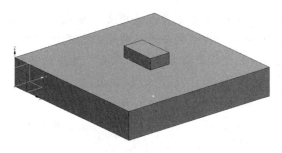

图3-75 绘制中心矩形垫块

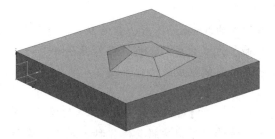

图3-76 绘制异形垫块

3.5.5 凸起

在实体的表平面上按截面曲线生成凸台或者凹槽。

选择【菜单】→【插入】→【设计特征】→【凸起】命令，弹出【凸起】对话框，如图3-77所示。选择生成凸台或者凹槽的截面曲线，选择凸起的平面，输入偏置的距离值，设置拔模的角度，单击"确定"按钮即可生成凸台或者凹槽，输入的距离为正值时生成凸台，为负值时生成凹槽。在"几何体"下拉列表中有4种生成凸台或凹槽的方式可选。

（1）截面平面，即凸台或凹槽截面曲线是在凸台顶部或凹槽底部平面内绘制的。

（2）凸起的面，即凸台或凹槽截面曲线是在凸起平面内绘制的，通过设置偏置值确定凸台高度或凹槽深度。

（3）基准平面，即凸台或凹槽的高度不是通过设置偏置值确定的，而是通过选择一个基准平面作为凸台顶面或凹槽底面确定的。

（4）选定的面，即凸台或凹槽的高度是通过选择一个实体表平面作为凸台顶面或凹槽底面确定的。

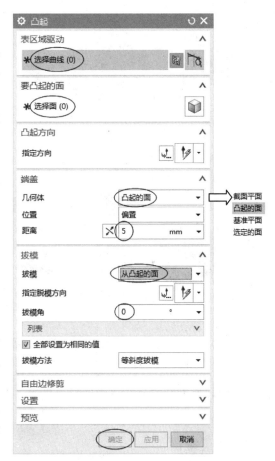

图3-77 【凸起】对话框

 应用案例3-6 通过凸起命令绘制凸台或凹槽

（1）打开支持文件"3-2.prt"，如图3-78（a）所示，这是事先绘制好的凸台截面曲线，矩形、任意封闭曲线和椭圆曲线是在实体的大平面上绘制的，圆曲线是在基准坐标系CSYS1的X-Y坐标平面内绘制的。

（2）打开图 3-77 所示的【凸起】对话框，矩形凸台通过"凸起的面"方式生成，偏置距离为 5 mm；异形凸台是以实体顶面为"选定的面"生成的凸台；圆形凸台是按"截面平面"方式生成的；椭圆凸台是选择 CSYS2 的 X-Y 坐标平面为"基准平面"生成的凸台。各截面曲线生成的凸台如图 3-78（b）所示。

（3）在上述凸台的生成过程中，均设置 10°的拔模斜度，如图 3-78（c）所示。

（4）对于矩形凸台，假如输入的偏置值为 -5 mm，则生成矩形凹槽，如图 3-78（d）所示。请读者尝试按照其他 3 种方式生成截面曲线的凹槽。

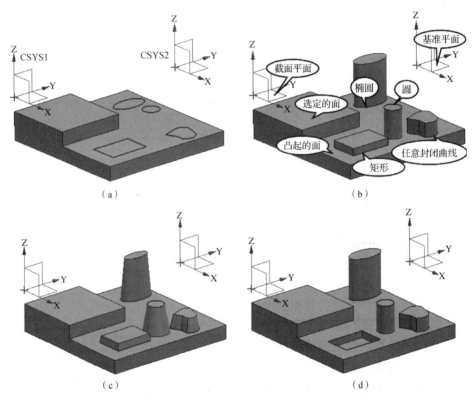

图 3-78　通过凸起命令绘制凸台或凹槽

（a）绘制凸台或凹槽截面曲线；（b）绘制凸台；（c）绘制带拔模斜度凸台；（d）绘制矩形凹槽

【凸起】是制作凸台或凹槽的通用命令，它可以完成 3.5.2 凸台、3.5.3 腔、3.5.4 垫块的建模操作。

3.5.6　键槽

【键槽】命令处于隐藏状态，按 3.5.2 节所介绍的方法查找【键槽】命令并将其放于菜单栏中。

选择【菜单】→【插入】→【设计特征】→【键槽】命令，弹出【槽】对话框，如图 3-79 所示，可生成 5 种类型的键槽。

单击"矩形槽"单选按钮，单击"确定"按钮，弹出图 3-80 所示的【矩形键槽】放置面对话框，单击选择键槽放置的平面，弹出图 3-48 所示的【水平参考】对话框，单击选择基准坐标系轴或实体的边为键槽的长度方向，弹出图 3-81 所示的【矩形键槽】参数对话框，输入参数，单击"确定"按钮，弹出图3-55所示的【定位】对话框，以9种定位方法中的一种或几种对键槽放置位置进行定位，参见3.5.2节和3.5.3节。

另外4种类型的键槽绘制方法与矩形键槽相同，只是参数对话框有所区别，如图3-82~图3-85所示。

图3-86所示为在方板顶面上创建的各种形式的键槽，其名称的含义是指键槽的截面形状。

图3-79 【槽】对话框

图3-80 【矩形键槽】放置面对话框

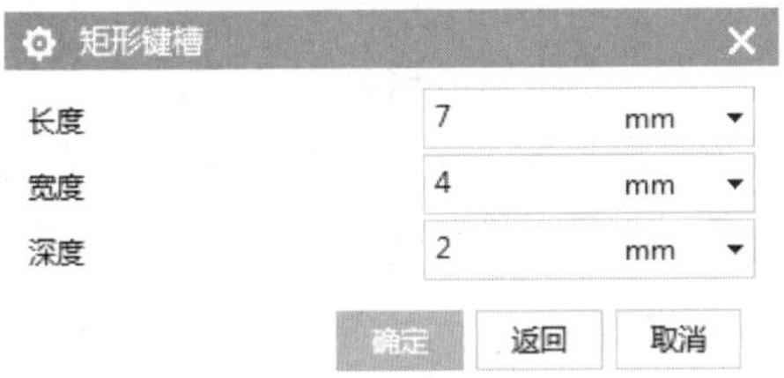

图3-81 【矩形键槽】参数对话框

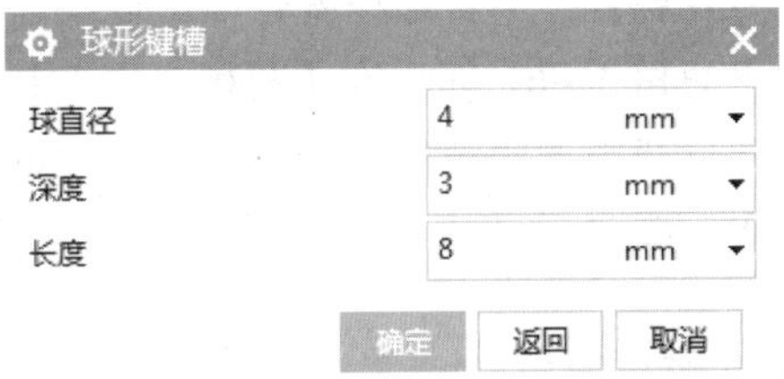

图3-82 【球形键槽】参数对话框

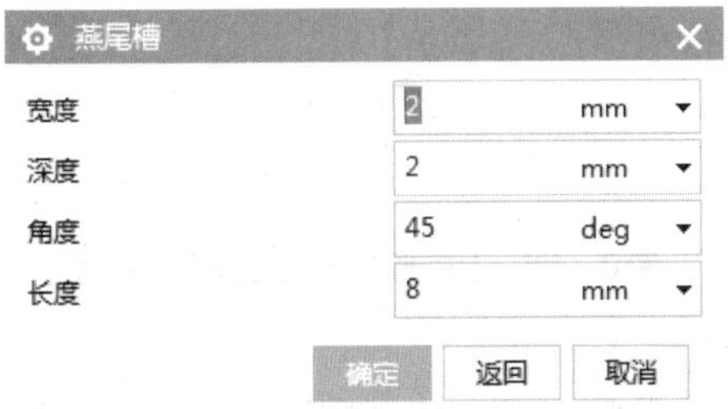

图3-83 【燕尾槽】参数对话框

图3-84 【T型键槽】参数对话框

图3-85 【U形键槽】参数对话框

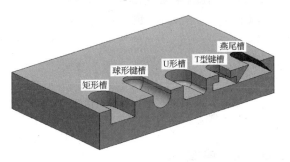

图3-86 5种类型的键槽式样

3.5.7 槽

在圆柱面或圆锥面上生成环形槽，按截面形状分为矩形槽、球形端槽和U形槽。

选择【菜单】→【插入】→【设计特征】→【槽】命令，弹出图3－87所示的【槽】对话框，可选择生成一种类型的槽。

 应用案例3－7　在圆柱杆上绘制槽

（1）在坐标原点位置绘制一直径30 mm、高度60 mm的圆柱杆。要求在其中间位置绘制矩形槽。

（2）选择【菜单】→【插入】→【设计特征】→【槽】命令，弹出图3－87所示的【槽】对话框，单选"矩形"按钮，弹出图3－88所示的【矩形槽】放置面对话框，单击选择圆柱体圆柱面，弹出图3－89所示的【矩形槽】参数对话框，按图示输入直径值和宽度值，单击"确定"按钮，弹出图3－90所示的【定位槽】对话框，单击选择圆柱体上底圆边线作为目标边，单击选择槽轮廓上边线作为工具边，此时自动测出两边之间的距离，并标注在弹出的图3－61所示的【创建表达式】对话框中，将数值修改成"25"，单击"确定"按钮，完成矩形槽的绘制，如图3－91所示。

图3－92所示为在圆柱杆上绘制的球形槽，图3－93所示为U形槽，请读者自行练习操作。

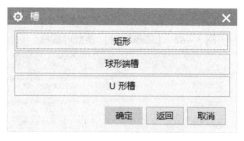

图3－87　【槽】对话框

图3－88　【矩形槽】放置面对话框

图3－89　【矩形槽】参数对话框

图3－90　【定位槽】对话框

3.5.8 螺纹

在圆柱形外表面或内表面上生成螺纹特征，可以绘制螺栓杆或螺纹孔。

图3-91 矩形槽　　　　图3-92 球形槽　　　　图3-93 U形槽

选择【菜单】→【插入】→【设计特征】→【螺纹】命令，弹出图3-94所示的【螺纹切削】参数对话框。螺纹类型可以选择"符号"或"详细"两种，"符号"螺纹在实体上只是以虚线标识螺纹的位置，"详细"螺纹是按螺纹的实际形状显示，比较直观。

 应用案例3-8 绘制M10 mm×1.5 mm 螺纹

（1）绘制直径10 mm、高50 mm的圆柱杆，在圆柱杆上绘制螺纹。

（2）选择【菜单】→【插入】→【设计特征】→【螺纹】命令，弹出图3-94所示的【螺纹切削】参数对话框，选择螺纹类型为"详细"，单击选择圆柱面，此时对话框自动识别可以创建的螺纹参数。自动识别的通常为标准粗牙公制螺纹，假如要绘制非标的细牙螺纹，则在"小径"和"螺距"框中修改数值；假如绘制的是英制螺纹，需要修改"角度"为"55"；假如不是在整个圆柱面上绘制螺纹，则在"长度"框中修改数值，螺纹的旋向可选择"左旋"或"右旋"。参数设置好后，单击"确定"按钮完成螺纹的绘制。图3-95所示为绘制的标准M10×1.5右旋公制粗牙螺纹，螺纹长30 mm。

图3-94 【螺纹切削】参数对话框（详细）　　　图3-95 圆柱面上端螺纹的绘制

假如上述绘制的螺纹应从底部开始绘制 30 mm 长，则在参数不变的情况下，在单击"确定"按钮之前，单击"选择起始"按钮，弹出图 3-96 所示的【螺纹切削】起始面对话框，单击圆柱杆底圆面作为螺纹起始面，对话框变成图 3-97 所示式样，观察自动识别的螺纹生成方向是否正确，如果不正确，单击对话框中的"螺纹轴反向"按钮即可，螺纹生成的方向应指向圆柱杆实体方向。此时返回图 3-94 所示的【螺纹切削】参数对话框，单击"确定"按钮完成另一侧螺纹的绘制，如图 3-98 所示。

当选择"符号"螺纹类型时，对话框变成图 3-99 所示式样，按图示设置，绘制的螺纹特征如图 3-100（a）所示，将显示调成静态线框模式时可看出螺纹的长度位置，如图 3-100（b）所示。

对于非标螺纹绘制"符号"螺纹时，参数无法从列表中找到，则勾选"手工输入"复选框，此时，对话框中所有的数值均可根据需要输入。

图 3-96 【螺纹切削】起始面对话框

图 3-97 【螺纹切削】方向对话框

图 3-98 圆柱面下端螺纹的绘制

图 3-99 【螺纹切削】参数对话框（符号）

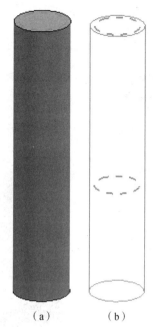

（a）　　　　（b）

图 3 – 100　圆柱面"符号"螺纹的绘制
（a）螺纹特征；（b）隐藏圆柱体

3.5.9　三角形加强筋

为了减少实体结构的变形，增加刚性，常常在相交板之间设置加强筋。

【三角形加强筋】命令处于隐藏状态，按 3.5.2 节所介绍的方法查找【三角形加强筋】命令并将其放于菜单栏中。

选择【菜单】→【插入】→【设计特征】→【三角形加强筋】命令，弹出【三角形加强筋】对话框，如图 3 – 101 所示。单击"第一组"按钮🖱，单击选择生成三角形加强筋的一个面，再单击"第二组"按钮🖱，单击选择生成三角形加强筋的另一个面，然后在【三角形加强筋】对话框中选择或输入相应的参数值，单击"确定"按钮，生成三角形加强筋，如图 3 – 102 所示。

【三角形加强筋】对话框中的"角度（A）"实际是拔模角度的含义，这里主要是针对铸造生成的三角形加强筋。实际生产中三角形加强筋大部分是钢板焊接而成的，这样角度应为零，但是系统只识别大于零的数值，所以，这里角度通常设为 1°。三角形加强筋的半径值实际是筋板厚度的一半。

3.5.10　边倒圆

边倒圆是对实体的边倒圆角处理。

选择【菜单】→【插入】→【细节特征】→【边倒圆】命令，弹出图 3 – 103 所示的【边倒圆】对话框，通常输入倒圆半径值，单击选择实体的边线，即可完成边倒圆操作。

3.5.11　倒斜角

倒斜角是对实体的锐边倒斜角处理。

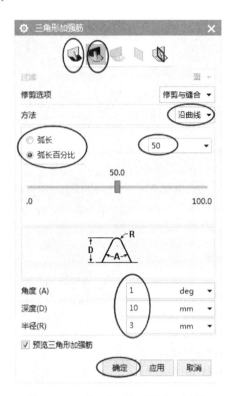

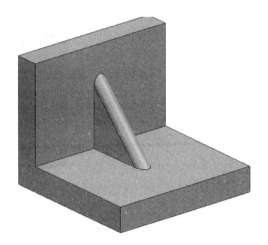

图3-101 【三角形加强筋】对话框　　　　图3-102 三角形加强筋的绘制

选择【菜单】→【插入】→【细节特征】→【倒斜角】命令，弹出图3-104所示的【倒斜角】对话框，以"对称""非对称"或"偏置和角度"方式输入参数值，单击选择实体的边线，即可完成倒斜角操作。

图3-103 【边倒圆】对话框　　　　　　图3-104 【倒斜角】对话框

以非对称方式生成倒角时，如图3-105所示，"距离1"值使边线竖直向下移动，"距离2"值使边线沿水平方向移动。

以偏置和角度方式生成倒角时，如图3-106所示，"距离"值使边线竖直向下移动，"角度"值是倒角面与原边线、第一条倒角边构成的平面之间的夹角。

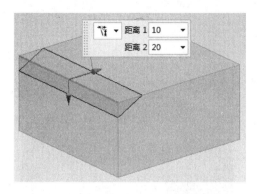 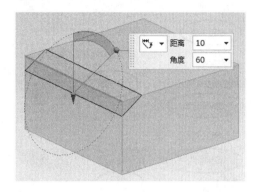

图3-105 以非对称方式生成倒斜角　　　图3-106 以偏置和角度方式生成倒斜角

3.5.12 拔模

对于制造模具的成型零件，为了顺利起模，通常在起模方向上设置拔模斜度。

选择【菜单】→【插入】→【细节特征】→【拔模】命令，弹出图3-107所示的【拔模】对话框。

在"类型"下拉列表中选择"面"选项，这是对长方体按面进行拔模，在图3-107所示的【拔模】对话框中，单击激活"指定矢量"栏，单击基准坐标系的Z轴作为拔模方向；单击激活"选择固定面"栏，单击选择长方体顶面固定；单击激活"要拔模的面"栏，单击选择立方体前立面，设置拔模角度，单击"确定"按钮，生成长方体的前立面拔模，如图3-108所示。选择多个与固定面相临的面作为拔模面可同时完成多个面的拔模。

在"类型"下拉列表中选择"边"选项，则是按边进行拔模，弹出图3-109所示的对话框，单击激活"指定矢量"栏，单击基准坐标系的Z轴作为拔模方向；单击激活"固定边"栏，单击选择长方体顶面左侧边，设置拔模角度，单击"确定"按钮，生成长方体的一个左侧面拔模，如图3-110所示。选择顶面多条边固定时，可同时完成多个面的拔模。

3.5.13 拔模体

可以按分型面对实体整体进行拔模。

 应用案例3-9　实体拔模

（1）打开支持文件"3-3. prt"，如图3-111所示。圆柱体为上、下模整体，曲面为分型面，将来曲面会将圆柱体折分成上、下模，对圆柱体整体进行拔模。

（2）选择【菜单】→【插入】→【细节特征】→【拔模体】命令，弹出图3-112所示的【拔模体】对话框，单击激活"选择分型对象"栏，单击选择曲面作为分型面。在"位置"下拉列表中选择"上面和下面"选项，表示对上模和下模都进行拔模，单击激

图 3 - 107 【拔模】对话框（面）

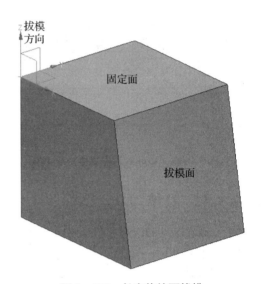

图 3 - 108 长方体按面拔模

图 3 - 109 【拔模】对话框（边）

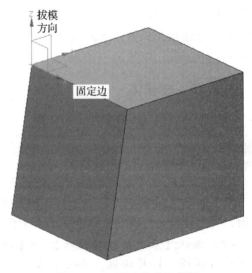

图 3 - 110 长方体按边拔模

活"选择分型上面的边"栏，单击选择圆柱体上底圆边线，单击激活"选择分型下面的边"栏，单击选择圆柱体下底圆边线，这表示分别从哪个位置开始拔模，其余按图示设置，完成实体拔模，如图3－113所示。

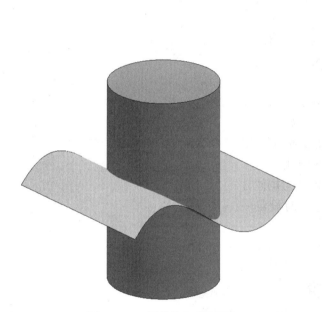

图3－111　圆柱体及分型面

图3－112　【拔模体】对话框

图3－113　按分型面整体拔模

3.6 扫描特征

扫描特征是按曲线扫描运动轨迹生成的实体特征，可分为拉伸特征、旋转特征和扫掠特征。

3.6.1 拉伸特征

拉伸特征是曲线沿某一矢量方向运动生成的实体特征。

选择【菜单】→【插入】→【设计特征】→【拉伸】命令，弹出【拉伸】对话框，如图3-114所示。

选择图3-115所示的X-Y平面内的矩形四边为截面线，选择Z轴为拉伸方向，输入拉伸的起始距离和终止距离，可生成长方体。

选择图3-116所示的X-Y平面内的圆为截面线，选择Z轴为拉伸方向，输入拉伸的起始距离和终止距离，可生成圆柱体。此操作再加上拔模一定的角度可生成图3-117所示的圆锥体或圆锥台。

选择图3-118所示的曲线，选择Z轴为拉伸方向，输入拉伸的起始距离和终止距离，同时设定一定的偏置值，可生成异形实体。

因此，拉伸特征可以生成基本体素特征中的长方体、圆柱体、圆锥体、圆锥台，以及异形的实体特征。非封闭曲线拉伸加偏置可生成实体。

【拉伸】命令功能完善，操作灵活，使用广泛，是实体建模中使用最多的命令之一。

3.6.2 旋转特征

旋转特征是曲线绕某一矢量方向旋转生成的实体特征。

图3-114 【拉伸】对话框

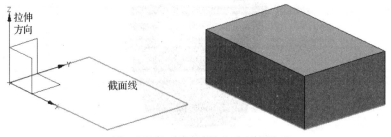

图3-115 矩形拉伸生成长方体

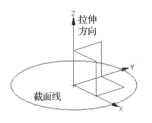

图 3 – 116 圆拉伸生成圆柱体

图 3 – 117 圆拉伸加拔模生成圆锥台或圆锥体

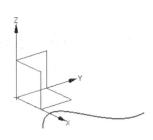

图 3 – 118 非封闭曲线拉伸加偏置生成异形实体

选择【菜单】→【插入】→【设计特征】→【旋转】命令，弹出【旋转】对话框，如图 3 – 119 所示。

选择图 3 – 120 所示的矩形的 4 条边为截面线，选择立边为旋转轴，输入旋转角度（0°~360°），可生成圆柱体。

选择图 3 – 121 所示的直角三角形的 3 条边为截面线，选择直角边为旋转轴，输入旋转角度（0°~360°），可生成圆锥体。

选择图 3 – 122 所示的直角梯形的 4 条边为截面线，选择直角边为旋转轴，输入旋转角度（0°~360°），可生成圆锥台。

选择图 3 – 123 所示的过原点的 Y – Z 平面内的圆为截面线，选择 Z 轴为旋转轴，输入旋转角度（0°~360°），可生成球体。

选择图 3 – 124 所示的异形曲线为截面线，选择 Z 轴为旋转轴，输入旋转角度（0°~360°），可生成异形实体。假如输入的角度为 0°~90°，同时偏置一定的厚度也可生成实体，如图 3 – 125 所示。

因此，旋转特征可以生成基本体素特征中的圆柱体、圆锥体、圆锥台、球体，以及异形的实体特征。非封闭曲线非整周旋转加偏置也可以生成实体。

图 3 – 119 【旋转】对话框

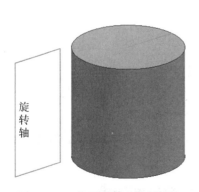

图 3 – 120　矩形旋转生成圆柱体

图 3 – 121　直角三角形旋转生成圆锥体

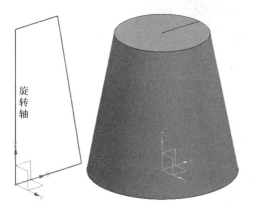

图 3 – 122　直角梯形旋转生成圆锥台

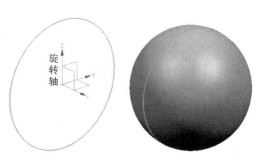

图 3 – 123　圆旋转生成球体

图 3 – 124　异形曲线旋转生成异形实体

图 3 – 125　非封闭曲线非整周旋转加偏置生成实体

3.6.3　扫掠特征

扫掠特征是截面线沿引导线运动生成的实体特征。

选择【菜单】→【插入】→【扫掠】→【扫掠】命令，弹出【扫掠】对话框，如图 3 – 126 所示。

生成扫掠特征的截面线可以是多条曲线，单击"添加新集"按钮，识别新的一条截面曲线。每一条截面曲线可以是单线段，也可以由多条首尾相连的线段组成。引导线最多可以是 3 条曲线，通过单击"添加新集"按钮识别。每条引导线也可以是单线段，或由多条首尾相连的线段组成。

选择图 3 – 127 所示的 X – Y 平面内的矩形的 4 条边为截面线，选择竖直线为引导线，可扫掠生成长方体。矩形的 4 条边线是作为一条截面线使用的，操作时连续单击选择即可，在操作过程中不能单击"添加新集"按钮，否则下一条曲线被识别为另一条截面曲线。

选择图 3 – 128 所示的 X – Y 平面内的圆为截面线，选择 Z 轴方向直线为引导线，可扫掠生成圆柱体。

选择图 3 – 129 所示的直角三角形的 3 条边为截面线，选择圆为引导线，可扫掠生成圆锥体。

选择图 3 – 130 所示的两个圆为截面线，选择 Z 轴方向直线为引导线，可扫掠生成圆锥台。选择两条截面线时，在选择第二条截面时，需要先单击"添加新集"按钮，再单击选择第二条截面线。

选择图 3 – 131 所示的过原点的 Y – Z 平面内的圆为截面线，选择 X – Y 平面的圆为引导线，可扫掠生成球体。此时，两个相互垂直的圆，哪个作为截面线，哪个作为引导线均可生成球体，但是大小不一样，生成球的直径是截面线圆的直径。假如生成的球体扭曲，可以单击引导线的"反向"按钮调整。

图 3 – 126 【扫掠】对话框

选择图 3 – 132 所示的封闭曲线为截面线，选择曲线为引导线，可生成异形实体。

因此，扫掠特征可以生成所有的基本体素特征：长方体、圆柱体、圆锥体、圆锥台、球体，以及异形的实体特征。

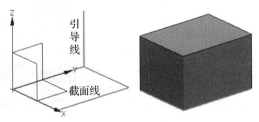

图 3 – 127 矩形扫掠生成长方体

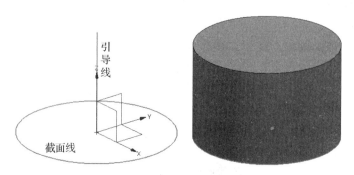

图 3 – 128　圆扫掠生成圆柱体

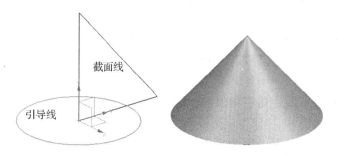

图 3 – 129　直角三角形扫掠生成圆锥体

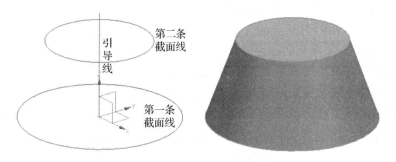

图 3 – 130　两同轴圆扫掠生成圆锥台

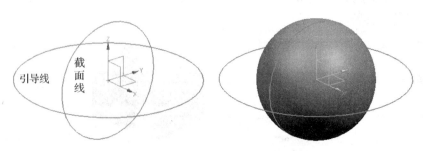

图 3 – 131　两垂直的同心圆扫掠生成球体

图 3 - 132　异形曲线扫掠生成异形实体

3.6.4　管道特征

将曲线赋予一定的内、外直径可使其变成管道，直线生成的是直管道，曲线生成的是弯曲管道，当内径为零时是特例，可认为是实心管道。管道特征可做细长杆、弯曲的导线、变形的钢筋等。

管道特征是基于扫掠特征的扩展命令，可认为是扫掠特征的特例。

选择【菜单】→【插入】→【扫掠】→【管】命令，弹出【管】对话框，如图 3 - 133 所示。单击选择曲线，输入管道的内、外直径值，单击"确定"按钮即可生成管道，如图 3 - 134 所示。选择的曲线可以是多段首尾相连的线段，但相连处不能是拐角，需要圆角过渡。

图 3 - 133　【管】对话框

图 3 – 134　各种曲线生成的实心与空心管道

3.7　实体与特征操作

对已有的实体与特征通过一系列操作可以生成新的实体与特征。

3.7.1　移动对象

移动对象是使选择的对象按照一定方式的移动或者对其进行多重复制。

选择【菜单】→【编辑】→【移动对象】命令，弹出【移动对象】对话框，如图 3 – 135 所示。单击"移动原先的"单选按钮是移动对象，单击"复制原先的"单选按钮是复制对象，复制的个数在"非关联副本数"框中输入。移动或复制都是按照一定方式进行的，经常使用 8 种方式，在"运动"下拉列表中选择。

1. 距离

该方式是使选择的对象沿某一矢量方向按一定距离移动或者对其进行多重复制。

图 3 – 136 所示为选择小圆柱体沿 Y 轴方向以设置的距离复制 2 个对象。

图 3 –135　【移动对象】对话框

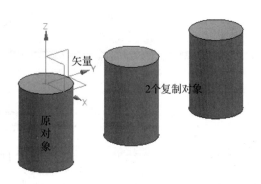

图 3 –136　以"距离"方式复制对象

2. 角度

该方式是使选择的对象绕某一矢量按一定角度移动或者对其进行多重复制。

图 3 – 137 所示为选择小圆柱体绕 Z 轴以坐标原点为旋转点按 60°角度增量复制 5 个对象。

3. 点到点

该方式是使选择的对象以指定的两个点之间的坐标值增量进行移动或者对其进行多重复制。

如图 3 – 138 所示，指定的出发点为原对象的底圆圆心（位于负 Y 轴方向），目标点为坐标原点，对原对象以其坐标值增量，即 Y 轴方向进行等距离复制。

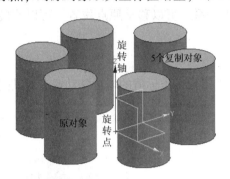

图 3 – 137　以"角度"方式复制对象

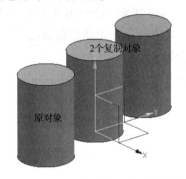

图 3 – 138　以"点到点"方式复制对象

4. 根据三点旋转

该方式实际是旋转一定角度的方式，旋转的角度是起点与轴点的连线、终点与轴点的连线，两线之间的夹角，使选择的对象以此角度旋转移动或者对其进行多重复制。

如图 3 – 139 所示，起点选择原对象底圆圆心（位于负 Y 轴方向），终点选择 X 轴上的一点，轴点为坐标原点，实际旋转角度为 90°，这样将原对象复制 3 个，结果恰好是在整个圆周布置 4 个对象。

5. 将轴与矢量对齐

该方式也是旋转的方式，是从一个矢量方向旋转到另一个矢量方向，使选择的对象以此方位旋转移动或者对其进行多重复制。

图 3 – 140 所示为将原对象按起始矢量 Z 轴，终止矢量 X 轴，旋转轴点为原对象底圆圆心进行的复制。

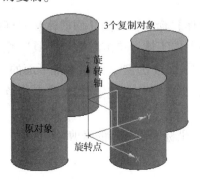

图 3 – 139　以"根据三点旋转"方式复制对象

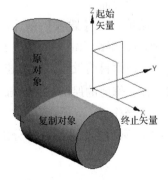

图 3 – 140　以"将轴与矢量对齐"方式复制对象

6. 坐标系到坐标系

该方式是使选择的对象以两个基准坐标系之间的相对位置关系移动或者对其进行多重复制。

如图 3-141 所示，将原对象由起始坐标系的方位复制到目标坐标系的方位。操作时选择坐标系要整体选择，在 3 个坐标轴高亮显示时选择，不要在一个坐标平面高亮显示时选择，此时选择的只是一个坐标面，其结果是不一样的。

7. 动态

该方式是使选择的对象以动态工作坐标系的调整方法移动或者对其进行多重复制。

如图 3-142 所示，此时相当于激活了工作坐标系，可以移动原点位置，可以旋转一定的角度，原对象以此方式动态移动或对其进行复制。

8. 增量 XYZ

该方式是使选择的对象以工作坐标系或绝对坐标系三坐标值的增量移动或者对其进行多重复制。

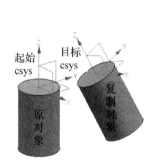

图 3-141　以"坐标系到坐标系"方式复制对象

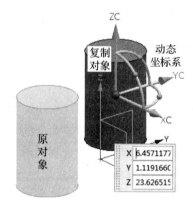

图 3-142　以"动态"方式复制对象

3.7.2　修剪体

修剪体是将实体按面修剪，保留一部分，去掉一部分。此面可以是平面或曲面，平面可以是实际绘制的平面、坐标平面、基准平面或实体的表平面；曲面可以是实际绘制的曲面，也可以是实体的表面。

选择【菜单】→【插入】→【修剪】→【修剪体】命令，弹出【修剪体】对话框，如图 3-143 所示，单击激活"目标"栏，选择需要修剪的实体，单击激活"工具"栏，选择修剪面，假如该面目前没有，则新建平面，单击新建平面按钮，通过基准平面的 14 种方法绘制修剪面，修剪的保留与去除部分可以通过单击"反向"按钮调整，最后单击"确定"按钮完成操作。

图 3-144 所示为对两圆柱体分别按曲面和 Y-Z 坐标平面进行的修剪。

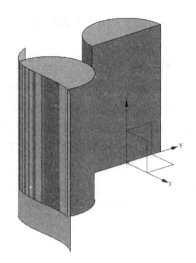

图 3 – 143　【修剪体】对话框　　　　　图 3 – 144　按曲面和平面修剪圆柱体

3.7.3　拆分体

拆分体是将实体按面拆分开。此面同于修剪体的面，是广义的面。

选择【菜单】→【插入】→【修剪】→【拆分体】命令，弹出【拆分体】对话框，如图 3 – 145 所示。其操作与 3.7.2 节中的修剪体相同，区别在于实体拆分之后均保留。

图 3 – 146 所示为将圆柱体分别按曲面和平面拆分成两半。

图 3 – 145　【拆分体】对话框　　　　　图 3 – 146　按曲面和平面拆分圆柱体

3.7.4　替换面

替换面是针对实体的修剪和延伸操作，将实体按面进行修剪或延伸，此面与修剪体的面相同，是广义的面。

选择【菜单】→【插入】→【同步建模】→【替换面】命令，弹出【替换面】对话框，如图3-147所示。

应用案例3-10 实体的修剪与延伸

（1）打开支持文件"3-4. prt"，如图3-147所示。对实体以曲面为边界进行修剪或延伸。

（2）打开图3-148所示的【替换面】对话框，单击激活"原始面"栏，单击选择长方体的右侧面为要进行修剪或延伸的面；单击激活"替换面"栏，单击选择右侧曲面作为边界，单击"确定"按钮完成长方体的延伸，如图3-149所示。

在上述操作中，单击激活"替换面"栏后，如果单击选择左侧的曲面为边界，则进行的是修剪操作，如图3-150所示。

图3-147 【替换面】对话框

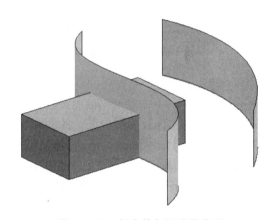

图3-148 长方体与两边界曲面

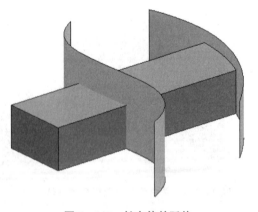

图3-149 长方体的延伸

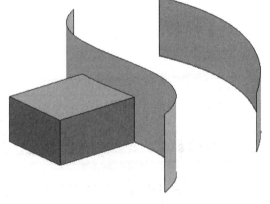

图3-150 长方体的修剪

3.7.5 抽壳

抽壳是将实体变成具有一定厚度的空心壳体。

选择【菜单】→【插入】→【偏置/缩放】→【抽壳】命令，弹出【抽壳】对话框，如图 3 – 151 所示，单击选择实体上抽壳后要移除的面，设置壳体的厚度，最后单击"确定"按钮完成操作。移除的面可以选择一个面、多个面，也可以选择实体所有的外表面。

图 3 – 152 所示是移除圆柱体的顶面及移除长方体的顶面与前侧面所生成的壳体。

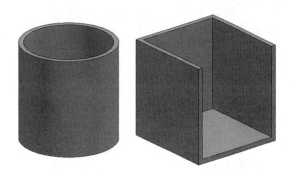

图 3 – 151 【抽壳】对话框　　　　　图 3 – 152 圆柱体和长方体抽壳

3.7.6 镜像几何体

镜像几何体是对实体按平面进行镜像对称复制。

选择【菜单】→【插入】→【关联复制】→【镜像几何体】命令，弹出【镜像几何体】对话框，如图 3 – 153 所示，单击激活在"要镜像的几何体"栏，单击选择要镜像复制的实体；单击激活"镜像平面"栏，单击选择一个平面，可以是基准平面、坐标平面或某一个实体的表平面；假如镜像平面目前没有，则单击新建平面按钮 ，通过基准平面的 14 种方法绘制镜像平面，最后单击"确定"按钮完成操作。

如图 3 – 154 所示为对圆柱体分别以 X – Z 坐标平面和圆柱体自身顶面为镜像平面进行的对称复制。

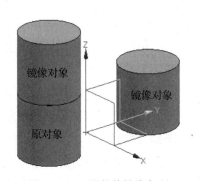

图 3 – 153 【镜像几何体】对话框　　　　　图 3 – 154 圆柱体镜像复制

3.7.7　镜像特征

镜像特征是将特征对象按平面进行镜像对称复制。这里的特征可以是某个实体，也可以是实体上的几何造型，如凸台、垫块、孔腔等，是更为广义的对象。

选择【菜单】→【插入】→【关联复制】→【镜像特征】命令，弹出【镜像特征】对话框，如图 3 – 155 所示，其操作与镜像几何体相同。

图 3 – 156 所示为对圆盘上的凸台按 X – Z 坐标平面进行的镜像复制。该凸台是不能通过镜像几何体命令操作的。但是 3.7.6 节中圆柱体镜像复制的例子也可以通过【镜像特征】命令完成。

图 3 – 155　【镜像特征】对话框

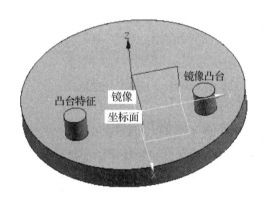

图 3 – 156　凸台镜像复制

3.7.8　阵列几何特征

阵列几何特征是对实体对象按规律进行多重复制。

选择【菜单】→【插入】→【关联复制】→【阵列几何特征】命令，弹出【阵列几何特征】对话框，如图 3 – 157 所示，通常选择线性阵列和圆形阵列方式进行复制。阵列复制的间距参数设置有 3 种方式可选择。

1. 数量和间隔

这里的数量是指经复制后加上原来的总共的对象数。间隔是指以多大的距离增量（线性阵列）或角度增量（圆形阵列）进行复制。

2. 数量和跨距

这里的数量是复制后总共的对象数，跨距是指在多大的距离（线性阵列）和角度（圆形阵列）范围内均匀地复制这些对象数。跨距为节距乘以对象的间隔数。

3. 节距和跨距

节距是指以多大的距离增量（线性阵列）或角度增量（圆形阵列）进行复制。跨距是指在多大的距离（线性阵列）和角度（圆形阵列）范围内均匀地复制这些对象数，那么数量就是跨距除以节距数。

　　线性阵列可以同时按两个方向进行多重复制，且两个方向可以不垂直，此时需要勾选"使用方向2"复选框，然后输入该方向上阵列复制的相关参数。

　　图3-158所示为圆柱体沿X和Y轴方向进行的线性阵列复制。

　　图3-159所示为圆柱体绕Z轴方向和坐标原点以60°角度增量进行的圆形阵列复制。

图3-157　【阵列几何特征】对话框

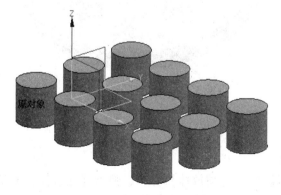

图3-158　圆柱体线性阵列复制

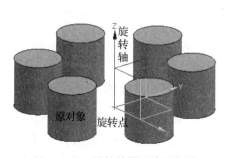

图3-159　圆柱体圆形阵列复制

3.7.9 阵列特征

阵列特征是对特征对象按规律进行多重复制。阵列特征与镜像特征相同，这里的特征可以是某个实体，也可以是实体上的几何造型，如凸台、垫块、孔腔等，是更为广义的对象。

选择【菜单】→【插入】→【关联复制】→【阵列特征】命令，弹出【阵列特征】对话框，如图 3 – 160 所示，其操作与阵列几何特征相同。

图 3 – 161 所示为对圆盘上的凸台进行的圆形阵列复制。该凸台是不能通过【阵列几何特征】命令操作的，但是 3.7.8 节圆柱体阵列复制的例子是可以通过【阵列特征】命令完成的。

图 3 – 160　【阵列特征】对话框

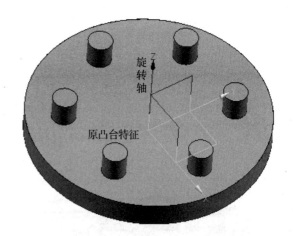

图 3 – 161　凸台圆形阵列复制

3.7.10 缩放体

缩放体是对实体进行放大或缩小。

选择【菜单】→【插入】→【偏置/缩放】→【缩放体】命令，弹出【缩放体】对话框，如图 3 – 162 所示，按要求选择需要缩放的实体，选择缩放基点，输入缩放比例，比例因子大于1是放大，比例因子小于1是缩小。在"类型"下拉列表中有3种缩放方式可以选择。

（1）均匀：实体在X，Y，Z轴三个方向上同时执行相同的缩放比例；

（2）轴对称：对于回转实体，比如圆柱体、圆锥体等，其在回转轴的方向和垂直于回转轴的方向可以执行不同的缩放比例；

（3）常规：实体在X，Y，Z轴三个方向上可以分别执行不同的缩放比例。

图3-162 【缩放体】对话框

3.8 实体与特征编辑

通常双击某一实体或特征可弹出其原来创建时的对话框，对其参数和选项进行编辑。也可以在实体或特征高亮显示时在其上单击鼠标右键，选择【编辑参数】命令；也可以选择实体或特征后，选择【菜单】→【编辑】→【特征】→【编辑参数】命令进行编辑。

实体与特征的编辑包括3个方面：编辑参数、编辑附着面、编辑面内位置。

对于实体编辑和大部分附着特征编辑是参数编辑，比如双击圆柱体，对其原来的建模参数重新编辑，可改变其轴向矢量、其底圆圆心位置、直径和高度尺寸等参数；又如双击螺纹特征，可以重新编辑其螺距、螺纹长度、旋向等参数。

对于凸台、垫块、孔腔、键槽这些附着特征，其编辑涉及编辑参数、编辑附着面、编辑面内位置3个方面。

 应用案例3-11 凸台特征编辑

（1）打开支持文件"3-5.prt"，如图3-163所示，边长为100 mm的立方体顶面绘制有两个凸台特征，将左侧凸台大小改为直径和高度均为20 mm，然后放置于顶面中心位置，右侧凸台参数不变，改变附着面，将其放置于前立面中心位置。

（2）双击图3-163中长方体顶面左侧凸台，弹出图3-164所示的【编辑参数】选项对话框，单击"特征对话框"按钮，弹出图3-165所示的【编辑参数】参数对话框，在这里可编辑凸台的大小，在"直径"和"高度"框中均输入"20"，单击"确定"按钮，返回图3-164所示的【编辑参数】选项对话框，再单击"确定"按钮完成凸台大小的编辑，如图3-166所示。

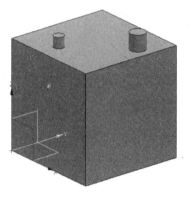

图3-163　长方体顶面两凸台

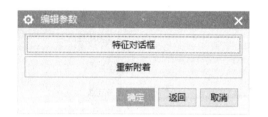

图3-164　【编辑参数】选项对话框

图3-165　【编辑参数】参数对话框

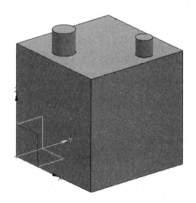

图3-166　左侧凸台改变参数

（3）选择【菜单】→【编辑】→【特征】→【编辑位置】命令，弹出【编辑位置】特征对话框，如图3-167所示，在这里编辑凸台的面内位置，单击选择左侧凸台，单击"确定"按钮，弹出【编辑位置】尺寸对话框，如图3-168所示，可以对已有的尺寸进行编辑，缺少尺寸时可以添加，多余的尺寸可以删除。进行分析，目前显示有凸台底圆圆心到立方体顶面边线的Y轴方向尺寸，但不合适，需要编辑；缺少凸台底圆圆心到立方体顶面边线X轴方向的尺寸，需要添加。

（4）单击图3-168所示的【编辑位置】尺寸对话框中的"添加尺寸"按钮，弹出图3-55所示的【定位】对话框，单击点与线的垂直距离按钮，单击选择立方体顶面前边线为目标边，再单击选择凸台顶圆，弹出图3-169所示的【设置圆弧的位置】对话框，单击"圆弧中心"按钮，此时自动测出圆心和前边线之间的垂直距离，并标注在弹出的图3-61所示的【创建表达式】对话框中，将数值修改成"50"，单击"确定"按钮，返回【定位】对话框，再单击"确定"按钮，返回图3-168所示的【编辑位置】尺寸对话框，此时完成了一个尺寸的添加。

（5）单击图 3-168 所示的【编辑位置】尺寸对话框中的"编辑尺寸值"按钮，弹出图 3-170 所示的【编辑位置】选择尺寸对话框，单击原来已有的尺寸，弹出图 3-171 所示的【编辑表达式】对话框，将数值修改为"50"，一直单击"确定"按钮，完成该尺寸的编辑，并把原来左侧的凸台放置到顶面中央位置，如图 3-172 所示。

图 3-167　【编辑位置】特征对话框

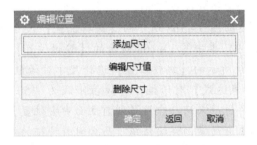

图 3-168　【编辑位置】尺寸对话框

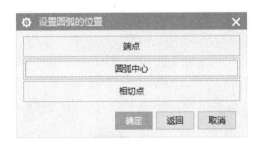

图 3-169　【设置圆弧的位置】对话框

图 3-170　【编辑位置】选择尺寸对话框

图 3-171　【编辑表达式】对话框

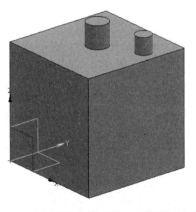

图 3-172　将左侧凸台放置于长方体顶面中心位置

（6）双击立方体顶面右侧凸台，弹出图3－164所示的【编辑参数】选项对话框，单击"重新附着"按钮，弹出图3－173所示的【重新附着】对话框，单击选择立方体的前立面，单击两次"确定"按钮，完成凸台的附着面编辑。

（7）选择【菜单】→【编辑】→【特征】→【编辑位置】命令，弹出图3－167所示的【编辑位置】特征对话框，单击选择前立面的凸台，单击"确定"按钮，弹出图3－168所示的【编辑位置】尺寸对话框。

（8）单击"添加尺寸"按钮，弹出图3－55所示的【定位】对话框，单击选择点与线的垂直距离按钮，单击选择立方体前立面左边线为目标边，再单击选择凸台顶圆，弹出图3－169所示的【设置圆弧的位置】对话框，单击"圆弧中心"按钮，此时自动测出圆心和前立面左边线之间的垂直距离，并标注在弹出的图3－61所示的【创建表达式】对话框中，将数值修改成"50"，单击"确定"按钮，返回【定位】对话框，再单击"确定"按钮，返回图3－168所示的【编辑位置】尺寸对话框，此时完成了一个尺寸的添加。

（9）单击图3－168所示的【编辑位置】尺寸对话框中的"编辑尺寸值"按钮，弹出图3－170所示的【编辑位置】选择尺寸对话框，单击原来已有的尺寸，弹出图3－171所示的【编辑表达式】对话框，将数值修改为"50"，一直单击"确定"按钮，完成该尺寸的编辑，并把原来的凸台放置到前立面中央位置，如图3－174所示。

本应用案例详细介绍了凸台附着特征的编辑参数、编辑附着面、编辑面内位置的操作步骤。其他附着特征如键槽、垫块、孔腔的编辑也包含这三个方面。

图3－173 【重新附着】对话框

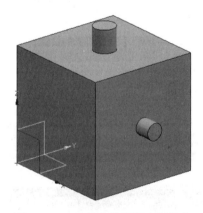

图3－174 将长方体顶面右侧凸台
放置于前立面中心位置

3.9　综合实例

1. M10 螺母的绘制

设计要求

查询机械设计手册，M10 为标准公制粗牙螺纹，螺距为 1.5 mm，螺母的参数如图 3 – 175 所示。

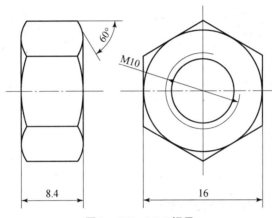

螺母建模

图 3 – 175　M10 螺母

设计思路

通过草图绘制正六边形，然后拉伸生成六棱柱螺母主体。通过圆锥体特征与六棱柱相交车削螺母棱角。通过附着特征在螺母中心打孔，倒斜角，创建内螺纹。

设计步骤

1）绘制正六边形草图

新建一模型文件，选择【菜单】→【插入】→【草图】命令，弹出图 2 – 2 所示的【创建草图】对话框，单击选择基准坐标系的 X – Y 平面为草图绘制平面，单击"确定"按钮，进入草图绘制环境。

选择【菜单】→【插入】→【草图曲线】→【多边形】命令，弹出【多边形】对话框，如图 3 – 176 所示，按图示输入半径和放置角，单击坐标原点，绘制正六边形，单击"关闭"按钮。

选择【菜单】→【文件】→【完成草图】命令，退出草图绘制环境，完成正六边形的草图绘制。

在视窗空白处单击鼠标右键，选择【定向视图】→【正三轴测图】命令，将视图方位调整成立体状态，如图 3 – 177 所示。

2）将正六边形拉伸成六棱柱

选择【菜单】→【插入】→【设计特征】→【拉伸】命令，弹出【拉伸】对话框，如图 3 – 178 所示，单击激活"截面线"栏，单击选择绘制的正六边形，单击激活"方向"栏，单击选择 Z 轴，再按图示输入拉伸的开始与结束距离值，单击"确定"按钮，完成六棱柱的绘制，如图 3 – 179 所示。

图3-176 【多边形】对话框

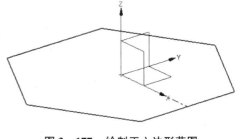

图3-177 绘制正六边形草图

图3-178 【拉伸】对话框

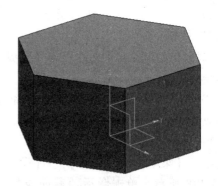

图3-179 将正六边形拉伸生成六棱柱

3）钻螺纹底孔

选择【菜单】→【插入】→【设计特征】→【孔】命令，弹出【孔】对话框，如图3-180所示，单击激活"位置"栏，单击选择六棱柱的顶面，进入草图绘制环境，弹出图2-27所示的【草图点】对话框，单击【点】对话框按钮，弹出图3-181所示的【点】对话框，按图示选择"两点之间"方法绘制点，依次单击正六边形的两个对角点，则中点位置确定，单击"确定"按钮，再关闭【草图点】对话框，此时发现草图中还有刚进入草图环境时单击的草图点，单击选中并按Delete键删除，只保留绘制的六棱柱顶面中心点即可。

选择【菜单】→【任务】→【完成草图】命令，退出草图绘制环境，完成打孔的位置点的绘制。

此时回到【孔】对话框，按图3-180所示设置参数与选项，单击"确定"按钮，完成螺纹底孔的绘制，如图3-182所示。

4）六棱柱车削棱角

选择【菜单】→【插入】→【设计特征】→【圆锥】命令，弹出【圆锥】对话框，如图3-183（a）所示，单击激活"指定矢量"栏，单击选择Z轴，单击激活"指定点"栏，单击选择螺纹底孔底圆圆心点，按图示设置其余参数与选项，单击"确定"按钮，完成六棱柱顶部棱角的车削。

图3-180 【孔】对话框

图3-181 【点】对话框

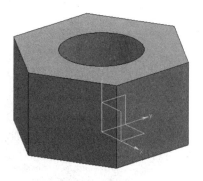

图3-182 绘制螺母螺纹底孔

用同样的方法完成六棱柱底部棱角的车削，其中【圆锥】对话框的设置如图3-183（b）所示，在"指定矢量"栏和"指定点"栏仍然分别选择Z轴和螺纹底孔底圆圆心点。

六棱柱棱角完成车削，如图3-184所示。

5）螺纹底孔倒斜角

选择【菜单】→【插入】→【细节特征】→【倒斜角】命令，弹出【倒斜角】对话框，如图3-185所示，按图示设置，单击选择螺纹底孔的上底圆和下底圆，单击"确定"按钮，完成螺纹底孔的倒斜角绘制，如图3-186所示。

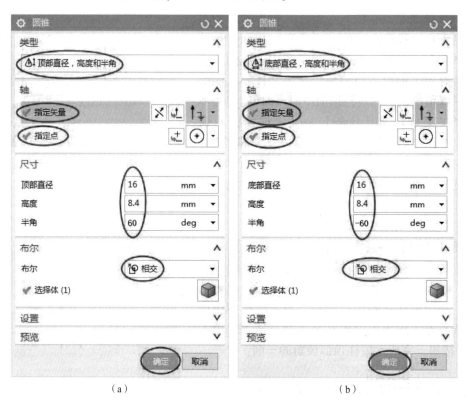

（a） （b）

图3-183 【圆锥】对话框

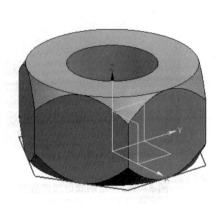

图3-184 六棱柱车削棱角

图3-185 【倒斜角】对话框

6）螺纹底孔攻丝

选择【菜单】→【插入】→【设计特征】→【螺纹】命令，弹出【螺纹切削】参数对话框，如图3-187所示，单击选择螺纹底孔圆柱面，弹出图3-96所示的【螺纹切削】起始面对话框，单击选择六棱柱顶面作为螺纹起始面，弹出图3-97所示的【螺纹切削】方向对话框，观察自动识别的螺纹方向是否正确，箭头应指向实体，否则要单击"螺纹轴反向"按钮，单击"确定"按钮，返回图3-187所示的【螺纹切削】参数对话框，此时自动识别的螺纹参数通常是对的，单击"确定"按钮，完成螺纹底攻丝操作，如图3-188所示。

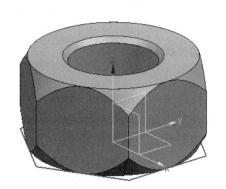

图3-186　螺母螺纹底孔倒斜角

图3-187　【螺纹切削】参数对话框

7）隐藏辅助特征

选择【菜单】→【编辑】→【显示和隐藏】→【显示和隐藏】命令，弹出图1-20所示的【显示和隐藏】对话框，单击"草图"和"基准"后面的减号➖，将所有的辅助特征草图和基准隐藏，只显示实体特征，单击"确定"按钮，完成M10螺母实体模型的创建，如图3-189所示。

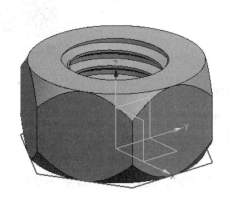

图3-188　螺母内螺纹的绘制

图3-189　隐藏辅助特征的螺母

2. 传动丝杠的绘制

设计要求

绘制 $\phi26$ mm×6 mm 矩形齿传动丝杠，如图 3 – 190 所示。

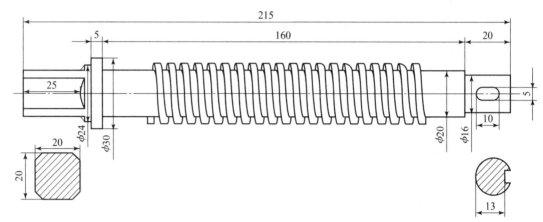

图 3 – 190　$\phi26$ mm×6 mm 矩形齿传动丝杠

设计思路

查询机械设计手册，$\phi26$ mm×6 mm 矩形齿传动丝杠丝牙截面形状为 3 mm×3 mm 的正方形。首先在螺旋线上草图绘制丝杠矩形丝牙截面线，然后沿螺旋线扫掠生成矩形丝牙。通过圆柱体特征生成丝杠主体及轴各部。通过草图拉伸相减操作以及阵列特征操作生成转把平台。通过键槽特征绘制轴端矩形键槽。

设计步骤

1）矩形丝牙截面线的绘制

打开支持文件"3 – 6. prt"，如图 3 – 191 所示，这是提前绘制的空间曲线螺旋线，参见 4.2.7 节。

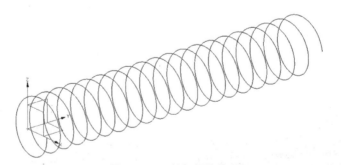

传动丝杠建模

图 3 – 191　丝杠螺旋线

选择【菜单】→【插入】→【草图】命令，弹出【创建草图】对话框，如图 3 – 192 所示，选择草图类型为"基于路径"，单击选择螺旋线，位置随意；在"平面方位"栏的"方向"下拉列表中选择"垂直于路径"选项；在"草图方向"栏单击"选择水平参考"，在视图中选择螺旋线的轴向 Y 轴；最后单击"确定"按钮，此时选择了过某一点垂直于螺旋线的平面作为草图绘制平面，进入草图绘制环境。

选择【菜单】→【插入】→【草图曲线】→【矩形】命令，以两点方式绘制矩形，单击选择草图坐标原点为起点，绘制长、宽均为 3 mm 的正方形，注意此时绘制的正方形要偏向螺旋线的外侧，如图 3 – 193（a）所示。

选择【菜单】→【文件】→【完成草图】命令，退出草图绘制环境，完成矩形丝牙截面线的草图绘制。

在视窗空白处单击鼠标右键，选择【定向视图】→【正三轴测图】命令，将视图方位调整为立体状态，如图 3 – 193（b）所示。

图 3 – 192　【创建草图】对话框

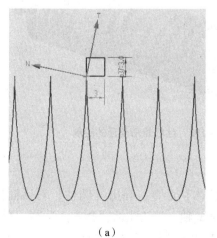

（a）

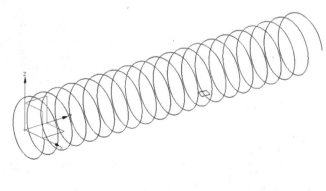

（b）

图 3 – 193　螺旋线上矩形丝牙截面线草图的绘制

2）矩形丝牙绘制

选择【菜单】→【插入】→【扫掠】→【扫掠】命令，弹出【扫掠】对话框，如图 3－194 所示，单击激活"截面"栏，单击选择草图绘制的正方形为截面线；单击激活"引导线"栏，单击选择螺旋线，单击激活"定位方法"栏，单击选择 Y 轴为强制方向，其余按图示设置，单击"确定"按钮，完成丝杠矩形丝牙的绘制，如图 3－195 所示。

图 3－194 【扫掠】对话框

图 3－195 丝杠矩形丝牙的绘制

3）丝杠杆的绘制

选择【菜单】→【插入】→【设计特征】→【圆柱体】命令，弹出【圆柱】对话框，如图 3－196 所示，单击激活"指定矢量"栏，单击选择 Y 轴，单击激活"指定点"栏，单击【点】对话框按钮 ，弹出图 3－197 所示的【点】对话框，输入坐标值（0，－20，0），单击"确定"按钮，返回【圆柱】对话框，按图 3－196 设置，单击"确定"按钮，完成丝杠中心杆的绘制，如图3-198所示。此步可能会弹出图3-199所示的【圆柱】提示框，这是因为丝牙在扫掠成形过程中只有一条引导线会有方向误差，导致与圆柱体不能合并运算，此时将图3-196所示的【圆柱】对话框中的直径值设置得大一点即可，如20.1 mm。

图3-196　【圆柱】对话框

图3-197　【点】对话框

图3-198　丝杠中心杆的绘制

图3-199　【圆柱】提示框

用同样的方法绘制圆柱体，中心轴矢量选择 Y 轴，注意还要单击反向按钮⊠，矢量指向左侧，放置点选择丝杆左侧端面的圆心，直径设置为 30 mm，高度设置为 5 mm。此时绘制的是丝杠中间凸台，如图3-200所示。

图3-200　丝杠中间凸台的绘制

用同样的方法绘制圆柱体，中心轴矢量选择 Y 轴，单击反向按钮 ⊠，矢量指向左侧，放置点选择丝杠凸台的左侧端面圆心，直径设置为 24 mm，高度设置为 30 mm。此时绘制的是丝杠左侧转把，如图 3 – 201 所示。

用同样的方法绘制圆柱体，中心轴矢量选择 Y 轴，矢量指向右侧，放置点选择丝杠右侧端面的圆心，直径设置为 16 mm，高度设置为 20 mm。此时绘制的是丝杠键槽轴，如图 3 – 202 所示。

图 3 – 201　丝杠左侧转把的绘制

图 3 – 202　丝杠键槽轴的绘制

4）转把平台的绘制

选择【菜单】→【插入】→【草图】命令，弹出图 2 – 2 所示的【创建草图】对话框，选择草图类型为"在平面上"，单击选择转把左侧端面为草图绘制平面，单击"确定"按钮，进入草图绘制环境。

选择【菜单】→【插入】→【草图曲线】→【矩形】命令，以两点方式绘制矩形，在动态坐标栏中均输入"10"，如 $\boxed{\begin{array}{ll} XC & 10 \\ YC & 10 \end{array}}$，然后在动态对话框中均输入"20"，如

$\boxed{\begin{array}{ll} 宽度 & 20 \\ 高度 & 20 \end{array}}$，绘制一正方形，如图 3 – 203（a）所示。

选择【菜单】→【文件】→【完成草图】命令，退出草图绘制环境。

在视窗空白处单击鼠标右键，选择【定向视图】→【正三轴测图】命令，将视图方位调整成立体状态，如图 3 – 203（b）所示。

选择【菜单】→【插入】→【设计特征】→【拉伸】命令，弹出【拉伸】对话框，如图 3 – 204 所示，单击激活"截面线"栏，单击选择草图绘制的正方形，单击激活"方向"栏，单击选择 Y 轴正向拉伸，其余按图示设置，单击"确定"按钮，完成一个丝杠转把平台的绘制，如图 3 – 205 所示。

选择【菜单】→【插入】→【细节特征】→【倒斜角】命令，弹出【倒斜角】对话框，如图 3 – 206 所示，单击选择刚绘制的转把平台右侧圆弧进行倒斜角，其余按图示设置，单击"确定"按钮，如图 3 – 207 所示。

选择【菜单】→【插入】→【关联复制】→【阵列特征】命令，弹出【阵列特征】对话框，如图 3 – 208 所示，单击激活"选择特征"栏，选择转把平台特征和倒斜角特征，单击激活"指定矢量"栏，单击选择 Y 轴，单击激活"指定点"栏，单击选择转把左侧端面圆心点，其余按图示设置，单击"确定"按钮，完成丝杠转把平台和倒斜角的圆形阵列复制，如图 3 – 209 所示。

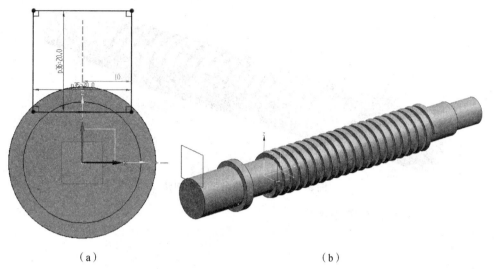

（a）　　　　　　　　　　　　　　（b）

图 3 – 203　为丝杠转把平台绘制辅助草图曲线

图 3 – 204　【拉伸】对话框

图 3 – 205　一个丝杠转把平台的绘制

图 3 – 206　【倒斜角】对话框

图3-207 转把平台弧边倒斜角

图3-208 【阵列特征】对话框

图3-209 丝杠转把平台的绘制

5）矩形键槽的绘制

选择【菜单】→【插入】→【基准/点】→【基准平面】命令，弹出【基准平面】对话框，如图3-210所示，单击激活"选择对象"栏，单击选择丝杠右侧传动键轴圆柱面，单击激活"指定点"栏，单击其右侧下拉箭头选择象限点〇，单击传动键轴的右侧端圆顶部位置，单击"确定"按钮，完成传动键轴圆柱面顶部基准平面的绘制，如图3-211所示。

图3-210 【基准平面】对话框

图3-211 传动键轴圆柱面顶部基准平面的绘制

选择【菜单】→【插入】→【设计特征】→【键槽】命令，弹出图3-79所示的【槽】对话框，单击"矩形槽"单选按钮，单击"确定"按钮，弹出图3-80所示的【矩形键槽】放置面对话框，单击选择刚绘制的基准平面，弹出图3-212所示的键槽创建方向确认对话框，单击"确定"按钮，弹出图3-48所示的【水平参考】对话框，单击选择Y轴，弹出图3-213所示的【矩形键槽】参数对话框，按图示设置，单击"确定"按钮，弹出图3-55所示的【定位】对话框，这里自动识别的是圆柱面中心位置，不需要另行定位，单击"确定"按钮，完成丝杠矩形键槽的绘制，如图3-214所示。

图3-212 键槽创建方向确认对话框

图3-213 【矩形键槽】参数对话框

矩形键槽的绘制也可以通过绘制键槽截面草图曲线拉伸与丝杠轴体求差集的方法完成。

6）隐藏辅助特征

选择【菜单】→【编辑】→【显示和隐藏】→【显示和隐藏】命令，弹出图1-20所示的【显示和隐藏】对话框，单击"草图""曲线"和"基准"后面的减号━，将所有的辅助特征草图、空间曲线和基准都隐藏，只显示实体特征，单击"确定"按钮，完成矩形齿传动丝杠的绘制，如图3-215所示。

图 3 - 214　丝杠矩形键槽的绘制

图 3 - 215　矩形齿传动丝杠（隐藏辅助特征）

本章小结

实体建模是 UG NX 工程设计的重点内容，要牢固掌握四类基准特征的创建与使用方法。拉伸特征、回转特征和扫掠特征建模是创建复杂、异形实体模型的主要方法，要深入理解扫描特征的建模思路。在建模过程中能够熟练灵活地使用各类实体特征与附着特征操作命令，不断积累建模方法，学习建模技巧，逐步具备独立完成工程机械设计任务的能力。

思考与练习 ▶▶ ▶

1. 思考题

（1）实体建模需要用到哪些基准特征？

（2）键槽的定位方法有哪些？

（3）镜像几何体与镜像特征有何区别？

（4）移动对象操作包括哪些方式？

（5）附着特征编辑包括哪几个方面？

（6）圆柱体绘制方法有哪些？

2. 操作题

（1）绘制 M12 螺栓，参数如图 3 - 216 所示。

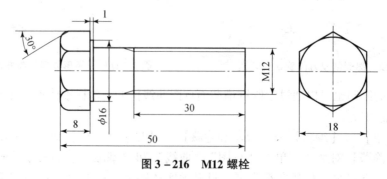

图 3 - 216　M12 螺栓

（2）绘制图 3 - 217 所示的转动支架实体模型。

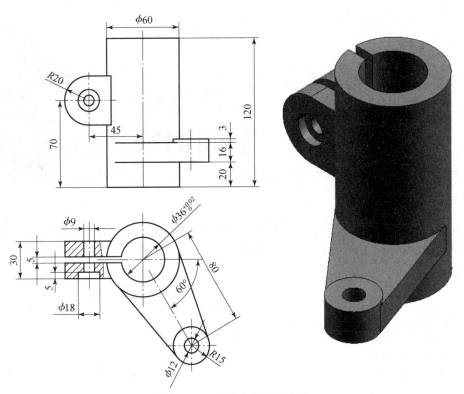

图 3-217 转动支架实体模型

第4章
空间曲线

空间曲线是构建实体模型与曲面模型的基础。曲线犹如实体的骨骼、曲面的网络。空间曲线通过扫掠、拉伸、回转等操作可创建实体模型；通过曲线组、曲线网格、扫描等方法可以构建曲面与片体。

学习目标 ▶▶ ▶

※ 空间曲线绘制

※ 空间曲线操作

※ 空间曲线编辑

4.1 入门引例

设计要求

绘制轮胎经纬线

设计步骤

轮胎经纬线好比轮胎圆周方向与断面方向的强化纤维，用于增强轮胎的充气抗压强度。

1. 创建轮胎模型

选择【菜单】→【插入】→【曲线】→【圆弧/圆】命令，弹出图4-1所示的【圆弧/圆】对话框，按图示设置，单击激活"指定平面"栏，单击选择基准坐标系的 X-Y 平面作为绘制圆的平面，单击激活"中心点"栏，单击选择坐标原点，然后在"半径"框中输入"180"，单击"确定"按钮，完成圆的绘制，如图4-2所示。

选择【菜单】→【插入】→【扫掠】→【管道】命令，弹出图4-3所示的【管】对话框，按图示设置，单击选择绘制的圆，单击"确定"按钮完成轮胎模型的绘制，如图4-4所示。

图4-1 【圆弧/圆】对话框

轮胎经纬线绘制

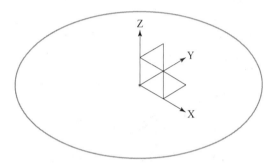

图4-2 圆的绘制

图4-3 【管】对话框

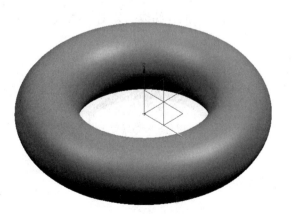

图4-4 轮胎模型的绘制

143

2. 绘制轮胎纬度线

选择【菜单】→【插入】→【派生曲线】→【等参数曲线】命令，弹出图4-5所示的【等参数曲线】对话框，在"方向"下拉列表中选择"U"选项，指定绘制水平方向的曲线，即圆周纬度线，在"数量"框中输入"21"，这是指共绘制21条纬度线，实际是将轮胎表面在纬度方向等分成20份，单击选择轮胎表面，单击"确定"按钮，完成轮胎纬度线的绘制，如图4-6所示。

图4-5 【等参数曲线】对话框

图4-6 轮胎纬度线的绘制

3. 绘制轮胎经度线

选择【菜单】→【插入】→【派生曲线】→【等参数曲线】命令，弹出图4-5所示的【等参数曲线】对话框，在"方向"下拉列表中选择"V"选项，指定绘制竖直方向的曲线，即端面经度线，在"数量"框中输入"101"，这是指在圆周方向共绘制101条经度线，实际是将轮胎表面在经度方向等分成100份，单击选择轮胎表面，单击"确定"按钮，完成轮胎经度线的绘制，如图4-7所示。

4. 隐藏辅助特征

单击坐标系，单击选择轮胎模型，单击选择轮胎中心线，单击鼠标右键选择【隐藏】命令，只显示轮胎经纬线，如图4-8所示。

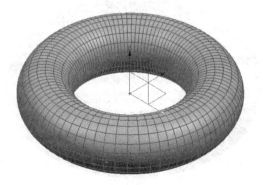

图4-7 轮胎经度线的绘制

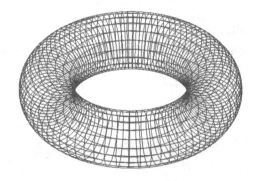

图4-8 轮胎经纬线

4.2　空间曲线的绘制

4.2.1　点与点集

点是空间曲线的最小绘图单位，绘制点是绘制空间曲线的最基本操作。选择【菜单】→【插入】→【基准/点】→【点】命令，弹出【点】对话框，绘制方法与3.2.1节中基准点的绘制相同，这里不做赘述。

绘制点集是按照一定方式创建多个点。选择【菜单】→【插入】→【基准/点】→【点集】命令，弹出图4-9所示的【点集】对话框，在"类型"下拉列表中可以选择绘制点集的方法。

1. 曲线点

该方式是在曲线上创建点集，该曲线可以是草图曲线、空间曲线、直线、样条曲线或实体的边线。在【点集】对话框的"子类型"栏中通常使用以下3种方式创建点集。

（1）等弧长：按输入的点数均分曲线创建点集，相邻点的曲线弧长相等，输入曲线的起止点位置可以确定创建点集的范围。

（2）增量弧长：按输入的弧长创建点集。

（3）曲线百分比：按整条曲线弧长百分比位置创建点集。

2. 样条点

在样条曲线上（草图或空间样条曲线），按其通过的点或控制样条曲线的极点创建点集。

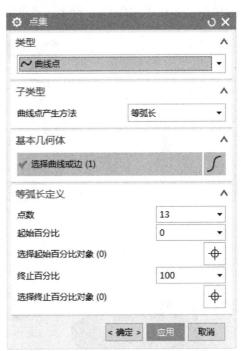

图4-9　【点集】对话框

3. 面的点

该方式是在面上创建点集，该面可以是平面、曲面、实体的表面。在【点集】对话框的"子类型"栏中选择"阵列"选项，按水平方向（U）输入的点数与竖直方向（V）输入的点数创建点集。输入水平方向和竖直方向的起止点百分比位置可以确定创建点集的范围。在【点集】对话框的"子类型"栏中选择"面百分比"选项，是按曲面水平方向与竖直方向的百分比位置绘制点，单击添加新集按钮 可创建多个点。

4. 交点

该方式是生成曲线与曲线、曲线与平面、曲线与曲面之间的交点集。

应用案例4-1 绘制点集

在高100 mm、直径为100 mm的圆柱体上，圆柱面竖直方向0～50%和圆周方向0～30%范围内绘制4行4列共16个点。

（1）选择【菜单】→【插入】→【设计特征】→【圆柱体】命令，设置直径和高度均为100 mm，单击一点创建圆柱体，如图4-10（a）所示。

（2）选择【菜单】→【插入】→【基准/点】→【点集】命令，在弹出的【点集】对话框中按图4-10（b）所示设置，单击选择圆柱体圆柱面，单击"确定"按钮，完成点集的绘制，如图4-10（a）所示，隐藏圆柱体，如图4-10（c）所示。

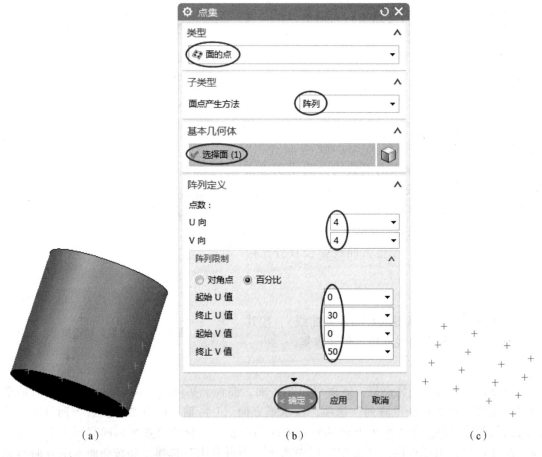

（a）　　　　　　　　（b）　　　　　　　　（c）

图4-10　圆柱体圆柱面点集的绘制

4.2.2　直线

选择【菜单】→【插入】→【曲线】→【直线】命令，弹出图4-11所示的【直线】对话框，分别单击"起点"和"终点或方向"栏中的【点】对话框按钮，通过基准点的绘制方法确定直线的起点和终点。如果需要在某一特定平面上绘制直线，在确定起点和终点之前单击"支持平面"栏中的"选择平面"按钮,按基准平面的创建方法确定绘制直线的平面。

4.2.3 圆弧与圆

选择【菜单】→【插入】→【曲线】→【圆弧/圆】命令,弹出图4-1所示的【圆弧/圆】对话框,在"类型"栏中可选择圆弧/圆的绘制方式。绘制圆弧的点可单击【点】对话框按钮 ，按基准点的绘制方法确定。在"支持平面"栏中可以选择现有的平面,也可以通过基准平面的创建方法新绘制一个平面作为圆弧/圆的绘制平面。在"限制"栏中可以输入圆弧的起始、终止角度值来决定圆弧的绘制范围。勾选"整圆"复选框可以绘制圆,取消勾选绘制的是部分圆弧。

图4-11 【直线】对话框

4.2.4 抛物线

选择【菜单】→【插入】→【曲线】→【抛物线】命令,首先弹出【点】对话框,按3.2.1节中基准点的绘制方法确定抛物线的顶点位置,然后弹出【抛物线】对话框,如图4-12(a)所示。

图4-12(b)所示为绘制的抛物线,顶点位置选择基准坐标系的坐标原点,参数按图4-12(a)所示设置,"焦距"确定抛物线的开口大小,"最小 DY"和"最大 DY"决定绘制的抛物线 Y 坐标值的范围,"旋转角度"是抛物线中轴线相对于工作坐标系 X 轴的角度。

抛物线是默认在工作坐标系的 X-Y 平面内绘制的,假如需要在其他平面内绘制,需要调整工作坐标系的方位,参见 1.4.2 节,使其 X-Y 平面恰好落在需要绘制抛物线的平面上。

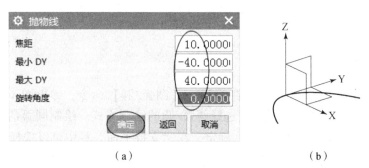

图4-12 【抛物线】对话框及抛物线的绘制

4.2.5 双曲线

选择【菜单】→【插入】→【曲线】→【双曲线】命令，首先弹出【点】对话框，按3.2.1节中基准点的绘制方法确定双曲线的对称点，然后弹出【双曲线】对话框，如图4-13（a）所示。

图4-13（b）所示为绘制的双曲线，对称点选择基准坐标系的坐标原点，参数按图4-13（a）所示设置，"实半轴"确定双曲线顶点与对称点的距离，"虚半轴"确定双曲线开口大小，"最小DY"和"最大DY"确定绘制的双曲线Y坐标值的范围，"旋转角度"是双曲线中轴线相对于工作坐标系X轴的角度。

双曲线也是默认在工作坐标系的X-Y平面内绘制的，假如需要在其他平面内绘制，需要调整工作坐标系的方位，参见1.4.2节，使其X-Y平面恰好落在需要绘制双曲线的平面上。

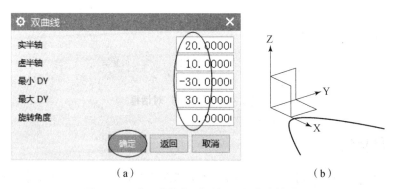

图4-13 【双曲线】对话框及双曲线的绘制

4.2.6 规律曲线

绘制X，Y，Z坐标值分别按一定规律变化的曲线。选择【菜单】→【插入】→【曲线】→【规律曲线】命令，弹出图4-14（a）所示的【规律曲线】对话框，其中X，Y，Z规律通常选择"恒定""线性""根据方程"3种方式。

（1）恒定：曲线的该坐标值是确定的值，恒定不变，其值在对话框中输入。

（2）线性：曲线的该坐标值呈线性变化规律，线性起止值在对话框中输入。

（3）根据方程：曲线的该坐标值是按方程式规律变化的，其方程式通过【菜单】→

【工具】→【表达式】命令设置。

在【规律曲线】对话框的"坐标系"栏中可以选择现有的基准坐标系，或者新创建一个基准坐标系作为曲线绘制的参考，不选择基准坐标系时则曲线默认以工作坐标系为参考。

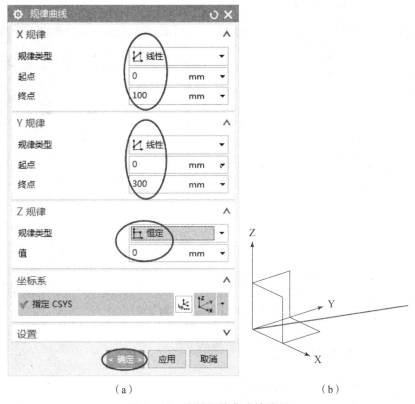

图4-14　线性规律曲线的绘制

(a)【规律曲线】对话框；(b) 斜线

　应用案例4-2　规律曲线的绘制

(1) 在工作坐标系的 X-Y 平面内绘制斜线，X 坐标值范围为 0~100 mm，Y 坐标值范围为 0~300 mm，Z 坐标值为 0。

打开【规律曲线】对话框，按图4-14 (a) 所示设置 X，Y 坐标值为线性变化规律，Z 坐标值恒定为 0，单击"确定"按钮，完成斜线的绘制，如图4-14 (b) 所示。

(2) 在工作坐标系的 X-Y 平面内绘制 $y = 50\sin x$ 的正弦曲线，将 X 坐标值设为一个周期 0~360° 线性变化，Y 坐标值由方程式 $y = 50\sin x$ 决定，Z 坐标值为 0。

该曲线的 Y 坐标值按方程式规律变化，因此，其方程式需要在【表达式】对话框中设置。

选择【菜单】→【工具】→【表达式】命令，弹出图4-15 所示的【表达式】对话框，首先在"名称"栏中输入系统变量"t"，在"公式"栏中输入"1"，这一步是设置系统变量为 t，在 0~1 范围内变化，t 是 Y 坐标值变化的自变量，Y 坐标值要设置成 t 的函数。然后单击新建表达式按钮 ，在"名称"栏中输入"yt"，在"公式"栏中输入"50 * sin

(360 * t)"，这便定义了 Y 坐标值是系统变量 t 的函数。单击"确定"按钮，完成 Y 坐标值方程式的设置。

打开【规律曲线】对话框，按图 4 – 16（a）所示设置，单击"确定"按钮，完成正弦曲线的绘制，如图 4 – 16（b）所示。

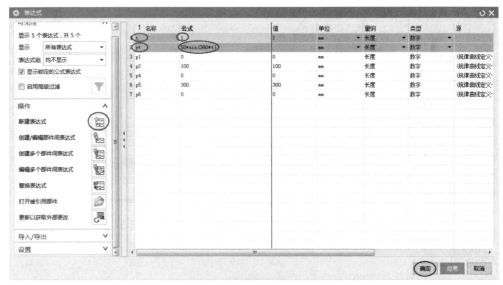

图 4 – 15 【表达式】对话框

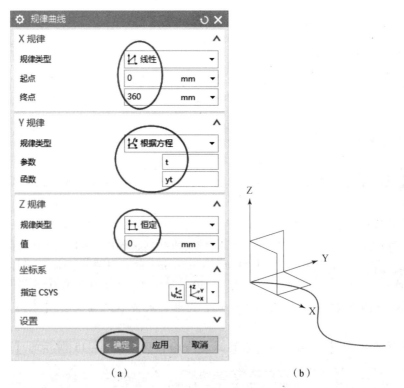

（a）　　　　　　　　　　　　　　　　　（b）

图 4 – 16 正弦规律曲线的绘制

（a）【规律曲线】对话框；（b）正弦曲线

4.2.7 螺旋线

根据轴向、半径/直径、螺距以及长度等参数绘制多种样式的螺旋线。

选择【菜单】→【插入】→【曲线】→【螺旋】命令，弹出图 4-17（a）所示的【螺旋】对话框。可以设置螺旋线的半径/直径、螺距、长度、旋向等参数，其中半径/直径和螺距可以按规律曲线控制。有两种绘制螺旋线的方法，在"类型"下拉列表中选择。

（1）沿矢量，是以选定的基准坐标系的 Z 轴方向作为螺旋线的轴向，该基准坐标系可以单击选择已经存在的基准坐标系，也可以单击【基准坐标系】对话框按钮 ⬚ 创建新的基准坐标系。

（2）沿脊线，是以选择的曲线作为螺旋线的轴向，该曲线可以是草绘曲线、空间曲线、直线、圆弧、样条曲线或实体边线等。

应用案例 4-3　螺旋线的绘制

（1）绘制螺距和直径均为恒定值的螺旋线。

打开【螺旋】对话框，按图 4-17（a）所示设置，单击"确定"按钮，完成直径为 100 mm、螺距为 10 mm、长度为 20 圈的右旋螺旋线，如图 4-17（b）所示。

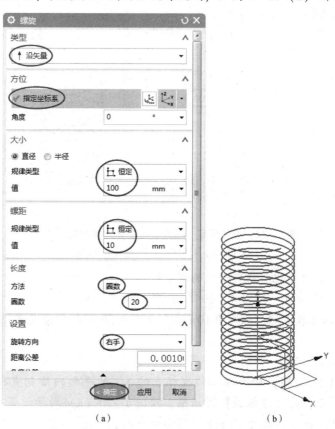

（a）　　　　　　　　　　　　　　　（b）

图 4-17　直径与螺距恒定的螺旋线的绘制

（a）【螺旋】对话框；（b）螺旋线

（2）绘制直径恒定、螺距线性变化的螺旋线。

打开【螺旋】对话框，按图 4－18（a）所示设置，单击"确定"按钮，完成直径为 100 mm、螺距由 0 到 10 mm 线性变化、长度为 20 圈的右旋变螺距螺旋线，如图 4－18（b）所示。

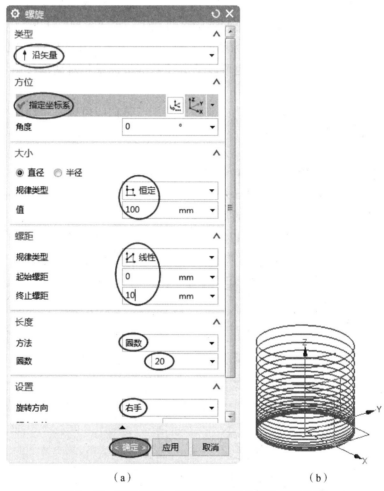

（a）   （b）

图 4－18　直径恒定、螺距线性变化的螺旋线的绘制

（a）【螺旋】对话框；（b）变螺距螺旋线

（3）绘制直径线性变化、螺距恒定的螺旋线。

打开【螺旋】对话框，按图 4－19（a）所示设置，单击"确定"按钮，完成直径在 50～100 mm 范围内线性变化、螺距为 10 mm、长度为 20 圈的右旋变直径螺旋线，如图 4－19（b）所示。

（4）绘制环形弹簧线。

首先，通过【圆弧/圆】命令在工作坐标系的 X－Y 平面内绘制直径为 100 mm 的圆，圆心位置任选；然后，打开【螺旋】对话框，按图 4－20（a）所示设置，单击"确定"按钮，完成直径为 20 mm、螺距为 10 mm 的环形螺旋线，如图 4－20（b）所示。

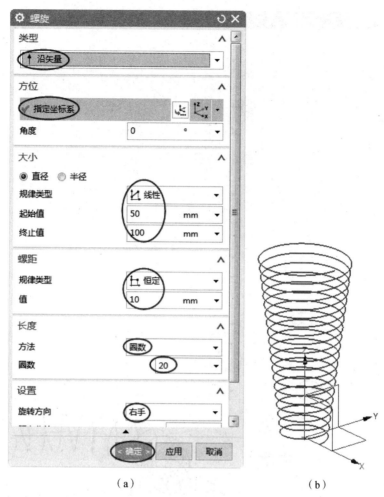

（a） （b）

图 4 – 19 直径线性变化、螺距恒定的螺旋线的绘制

（a）【螺旋】对话框；（b）变直径螺旋线

4.2.8 曲面上的曲线

在曲面上绘制曲线，该曲面可以是平面、曲面或实体的表面。

选择【菜单】→【插入】→【曲线】→【曲面上的曲线】命令，弹出图 4 – 21（a）所示的【曲面上的曲线】对话框，首先单击激活"选择面"栏，单击选择绘制曲线的面，然后单击激活"指定点"栏，单击选择面上的一些点，自动绘制成曲线。勾选"封闭的"复选框，则绘制封闭曲线。图 4 – 21（b）所示为在圆柱面上任意绘制的两条曲线。

4.2.9 艺术样条

选择【菜单】→【插入】→【曲线】→【艺术样条】命令，弹出【艺术样条】对话框，如图 4 – 22 所示。

空间曲线的【艺术样条】命令与草图曲线的【艺术样条】命令（2.4.10）的数学含义和基本操作相同。空间曲线的艺术样条是在三维空间中绘制的，因此其控制点可以选在不同

（a）

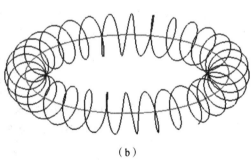

（b）

图 4 – 20　环形螺旋线的绘制

（a）【螺旋】对话框；（b）环形螺旋线

的平面内绘制，或直接指定空间点的坐标值。

图 4 – 23 所示为以"通过点"方式绘制的 3 阶次样条曲线，1、2、3 点分别是在"指定平面"栏中选择立方体的顶面、前侧面和左侧面绘制的点，4 点为按坐标值（80，80，－20）确定的点。

4.2.10　文本曲线

文本曲线是通过空间曲线绘制的文字轮廓。输入的文本可以是英文字母、中文文字、阿拉伯数字、数学符号等，通常用于在产品设计完成后，在其表面刻印上产品名称、型号、品牌等信息。文本曲线绘制成文字轮廓后，通过拉伸以及与实体合并、相减等操作完成文字雕刻或凸浮效果。

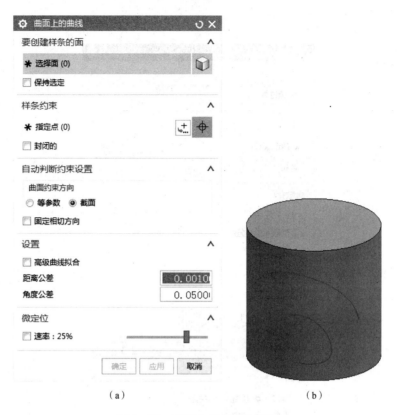

（a）　　　　　　　　　　　　　　　（b）

图 4 – 21　曲面上的曲线的绘制

选择【菜单】→【插入】→【曲线】→【文本】命令，弹出图 4 – 24 所示的【文本】对话框，在"文本属性"框中输入要绘制的文本，在"尺寸"栏中可设置文本曲线的大小和放置角度。在"类型"下拉列表中设置文本放置的位置与方位，有 3 种方式可选。

（1）平面幅，是选择或新创建基准坐标系以其 X – Y 平面作为文本放置平面。

（2）面上，是在某一确定的面上绘制文本曲线，该面可以是平面，也可以是曲面，还可以是实体的表面。

（3）曲线上，是沿着选择的曲线绘制文本曲线。

 应用案例 4 – 4　在实体表面雕刻品牌名称

（1）选择【长方体】对话框，绘制 100 mm×100 mm×30 mm 的长方体。

（2）选择【菜单】→【插入】→【曲线】→【文本】命令，打开【文本】对话框，按图 4 – 24 所示进行选择与设置，单击激活"文本放置面"栏，选择长方体的顶面，单击激活"选择曲线"栏，选择沿着顶面下边线的方向放置文本，在"尺寸"栏中调整文本大小和顶面内的位置，单击"确定"按钮，完成文本曲线的绘制，如图 4 – 25（a）所示。

（3）选择【菜单】→【插入】→【设计特征】→【拉伸】命令，将文本曲线拉伸成 5 mm 的实体并与立方体求和，文本曲线变成浮凸的品牌名称，如图 4 – 25（b）所示。

图4-22 【艺术样条】对话框

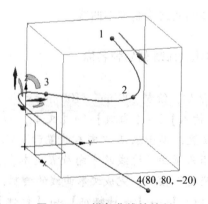

图4-23 样条曲线的绘制

图 4 – 24　【文本】对话框

（a）　　　　　　　　　（b）

图 4 – 25　文本曲线的绘制与拉伸凸浮

4.3 空间曲线操作

对已有的空间曲线通过一系列操作生成新的空间曲线。

4.3.1 偏置曲线

该操作是将曲线按沿一定方向按一定距离进行多重复制。

选择【菜单】→【插入】→【派生曲线】→【偏置】命令，弹出图4-26所示的【偏置曲线】对话框，在"偏置类型"下拉列表中有4种方式可以选择。

（1）距离，是在曲线所在平面内，沿垂直于曲线的方向，按一定距离对曲线进行多重复制。对于直线，需要再指定一点以确定其操作平面（点与直线确定平面），对于不在同一平面的空间曲线，如不共面样条曲线，则不能执行该操作。

（2）拔模，是沿曲线所在平面的法线方向，按一定距离和拔模角度对曲线进行多重复制。通常是对圆、圆弧或共面曲线进行操作，对于直线，需要再指定一点确定以该直线所在平面，对于不在同一平面上的空间曲线，不能执行该操作。

（3）规律控制，是对曲线不同位置按规律进行不同距离的复制，偏置距离通常选择"恒定""线性""根据方程"3种方式。

（4）3D轴向，是按任意指定的方向对曲线进行偏置，该方向可以是坐标轴，也可以是直线的方向。

偏置曲线的正、反方向可单击反向按钮 ⊠ 进行切换。

图4-26 【偏置曲线】对话框

 应用案例4-5 曲线偏置

通过空间曲线的【直线】和【圆弧/圆】命令，分别在X-Y坐标平面上的任意位置绘制长度为100 mm的直线和直径为100 mm的圆，对其进行偏置操作。

（1）对直线与圆分别执行距离偏置，得到图4-27所示结果，直线和圆的偏置距离均为10 mm，副本数为2，对直线偏置时，需要单击圆的圆心作为共同确定平面的点。

（2）对圆执行拔模偏置操作后，得到图4-28所示结果，拔模高度为20 mm，拔模角度为30°，副本数为2。

（3）对直线和圆分别执行规律控制偏置操作，得到图4-29所示结果，直线按"线性"规律偏置，起点为0，终点为20 mm；圆以"恒定"规律偏置，偏置距离为10 mm，副本数均为1。

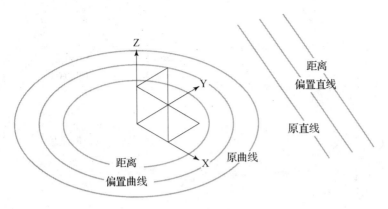

图 4 – 27　曲线距离偏置

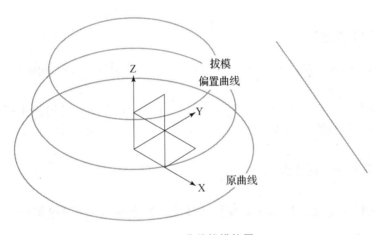

图 4 – 28　曲线拔模偏置

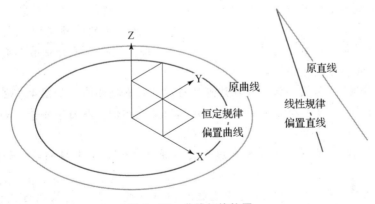

图 4 – 29　曲线规律偏置

（4）对直线和圆分别执行 3D 轴向偏置操作，得到图 4 – 30 所示结果，指定方向选择 Z 轴，偏置距离为 20 mm。

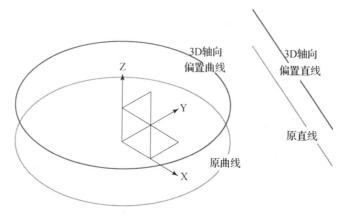

图 4 – 30   曲线 3D 轴向偏置

4.3.2   桥接曲线

将两曲线指定的位置点按一定方式连接即桥接，该曲线可以是草绘曲线，也可以是空间曲线。

选择【菜单】→【插入】→【派生曲线】→【桥接】命令，弹出图 4 – 31 所示的【桥接曲线】对话框，进行桥接操作。

  应用案例 4 – 6   桥接曲线

选择【菜单】→【插入】→【曲线】→【直线】命令，对任意绘制的两空间直线进行桥接，如图 4 – 32 所示。

打开【桥接曲线】对话框，在"起始对象"栏中，单击选择左侧直线，单击靠近上方或下方是选择直线的上端点或下端点进行桥接，然后单击激活"终止对象"栏，单击选择右侧直线，此时会出现桥接曲线的形状，根据"连接性"栏的选项不同而变化，其中"开始"选项卡是针对第一条直线连续方式的设置，"结束"选项卡是针对第二条直线连续方式设置，共有 4 种连续方式可供选择。

（1）G0（位置），是指桥接曲线在该点处与原直线直接相连，如图 4 – 32（a）所示；

（2）G1（相切），是指桥接曲线在该点处与原直线相切，即斜率相等，如图 4 – 32（b）所示；

（3）G2（曲率），是指桥接曲线在该点处与原直线的曲率半径相等，如图 4 – 32（c）所示；

（4）G3（流），是指桥接曲线与原直线在桥接点处以更加流畅的方式连接，这是由 UG NX 内部设计程序确定的，如图 4 – 32（d）所示。

"形状控制"栏中的"相切幅度"通常设定为 1，当输入值接近 0 或拖动接近 0 时，相当于 G0（位置）连续方式。图 4 – 32（d）所示是相切幅度为 2 时的曲线桥接样式。

图 4 – 31　【桥接曲线】对话框

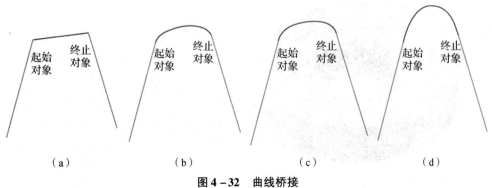

图 4 – 32　曲线桥接

4.3.3 投影曲线

投影曲线将曲线或点按一定方位向面上进行投影,该曲线可以是草绘曲线或空间曲线,投影的面可以是平面、曲面、实体表面、基准平面或坐标平面等。

选择【菜单】→【插入】→【派生曲线】→【投影】命令,弹出图 4-33 所示的【投影曲线】对话框,首先单击要投影的曲线或点,然后激活"要投影的对象"栏中的"选择对象"栏或"指定平面"栏,单击选择投影面,最后单击"确定"按钮,完成曲线投影。

图 4-33 【投影曲线】对话框

 应用案例 4-7 投影曲线

任意绘制一圆盘并在中间打孔,如图 4-34 (a) 所示,对实体的边线进行投影。

打开【投影曲线】对话框,单击选择圆盘顶圆和圆孔顶圆作为投影曲线,单击激活"指定平面"栏,单击选择其右侧的快捷方式 **ZC**,指定"XC-YC 平面"作为投影平面,单击"确定"按钮完成曲线投影,如图 4-34 (b) 所示。

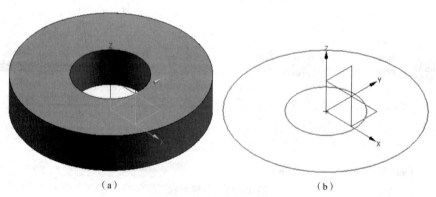

(a)   (b)

图 4-34 圆盘顶边投影曲线

4.3.4　镜像曲线

镜像曲线是将曲线按镜像平面进行对称复制。

选择【菜单】→【插入】→【派生曲线】→【镜像】命令，弹出【镜像曲线】对话框，如图4-35所示，按提示栏操作即可。其中镜像平面可以选择坐标平面、基准平面、实体的表平面或单独绘制的平面等，也可以新创建一个平面作为镜像平面。

图4-35　【镜像曲线】对话框

4.3.5　相交曲线

生成曲面之间的相交曲线，曲面可以是平面、曲面、实体表面、基准平面或坐标平面等。

选择【菜单】→【插入】→【派生曲线】→【相交】命令，弹出图4-36所示的【相交曲线】对话框，按提示栏操作，在"第一组"栏和"第二组"栏中选择的面可以是平面、曲面或实体表面。

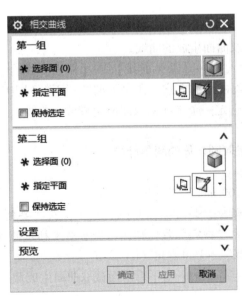

图4-36　【相交曲线】对话框

应用案例 4 - 8　求两实体表面的相交线

在原点位置分别绘制直径与高度均为 100 mm 的圆柱体和边长为 100 mm 的立方体，二者相交，如图 4 - 37（a）所示。

打开【相交曲线】对话框，单击选择圆柱体的圆柱面与上、下底面作为"第一组"面，然后单击激活"第二组"栏，单击选择立方体的上、下底面和与圆柱体相交的两个侧面，最后单击"确定"按钮执行操作并退出对话框。图 4 - 37（b）所示为隐藏圆柱体和立方体之后的相交曲线。

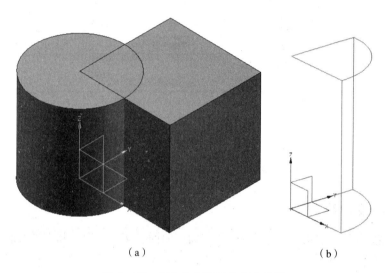

（a）　　　　　　　　　　　　　　　（b）

图 4 - 37　长方体与圆柱体相交曲线

4.3.6　截面曲线

截面曲线是以平面截取曲面生成的曲线。

选择【菜单】→【插入】→【派生曲线】→【截面】命令，弹出【截面曲线】对话框，有 3 种常用的生成截面曲线的方式，在"类型"栏下拉列表中选择。

（1）选定的平面，是选定一个平面截取曲面生成截面曲线。

 应用案例 4 - 9　截取圆柱体的两条母线

绘制直径和高度均为 100 mm 的圆柱体。

打开【截面曲线】对话框，如图 4 - 38（a）所示，在"要剖切的对象"栏中，单击选择圆柱体圆柱面，单击激活"指定平面"栏，选择基准坐标系的 X - Z 平面，单击"确定"按钮，生成两条圆柱体母线，如图 4 - 38（b）所示。

（2）平行平面，是选定等距的一组平行平面截取曲面生成截面曲线。

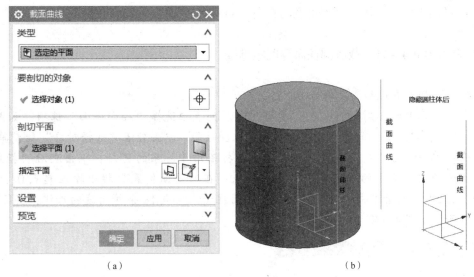

图4-38 在圆柱面上生成两条母线

 应用案例4-10 截取圆柱面等间距圆环线

绘制直径和高度均为100 mm的圆柱体。

打开【截面曲线】对话框,在"类型"栏中选择"平行平面"方式,如图4-39(a)所示,以基准坐标系的X-Y平面截取圆柱面。激活"选择对象"栏,单击选择圆柱面,激活"指定平面"栏,单击选择基准坐标系的X-Y平面,在"平面位置"栏中输入起点0、终点100、步长10,最后单击"确定"按钮,在圆柱面上生成11条平行的截面曲线圆环线,实际是10等分圆柱面,如图4-39(b)所示。

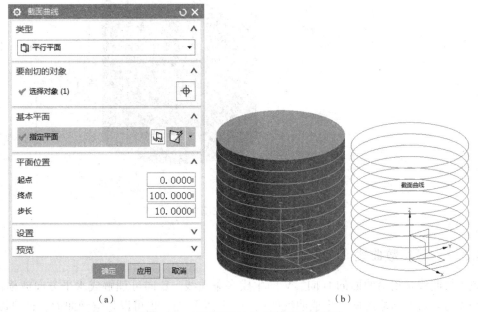

图4-39 在圆柱面上生成等间距圆环线

（3）径向平面，是按一组等角度的径向平面截取曲面生成截面曲线。

应用案例4-11　截取圆柱面等间距母线

绘制圆柱体，直径和高度均为100 mm。

打开【截面曲线】对话框，在"类型"下拉列表中选择"径向平面"选项，如图4-40（a）所示，以绕Z轴的等角度径向平面截取圆柱面。单击激活"选择对象"栏，单击选择圆柱面；单击激活"指定矢量"栏，单击选择基准坐标系的Z轴；单击激活"指定点"栏，单击选择圆柱面上的任意一点作为起始点；在"平面位置"栏中输入起点0°、终点180°、步长20°；最后单击"确定"按钮，在圆柱面上生成18条等角度的母线，实际是18等分圆柱面，如图4-40（b）所示。

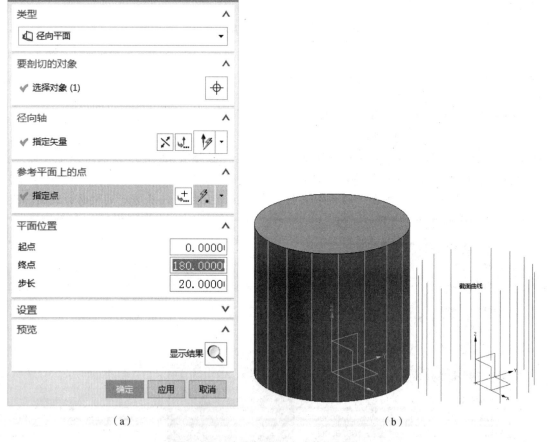

（a）　　　　　　　　　　　　　　　　　（b）

图4-40　在圆柱面上生成等间距母线

4.3.7　等参数曲线

等参数曲线是指沿曲面的U向、V向生成多条曲线，U向可理解成水平方向或横向；V向可理解为竖直方向或纵向，生成曲线的曲面可以是平面，也可以是空间曲面，还可以是实体的表面。

　　选择【菜单】→【插入】→【派生曲线】→【等参数曲线】命令，弹出图4-41所示的【等参数曲线】对话框，单击选择曲面，在"方向"下拉列表中选择是沿U向，还是V向，或U、V两个方向同时生成曲线；在"位置"下拉列表中确定这些曲线是在整个选择面内均匀布置，还是在某个范围内均匀布置，也可以按点确定曲线；在"数量"框中输入生成曲线的条数；最后单击"确定"按钮，即可完成等参数曲线的绘制。

图4-41　【等参数曲线】对话框

　应用案例4-12　圆锥面网格线绘制

　　(1) 绘制底圆直径为100 mm，高100 mm的圆锥体。

　　(2) 打开图4-41所示的【等参数曲线】对话框，单击选择圆锥体圆锥面，在"方向"下拉列表中选择"U"选项，在"位置"下拉列表中选择"均匀"选项，在"数量"框中输入"19"，单击"确定"按钮，生成角度增量为20°的等经度线，如图4-42 (a) 所示。

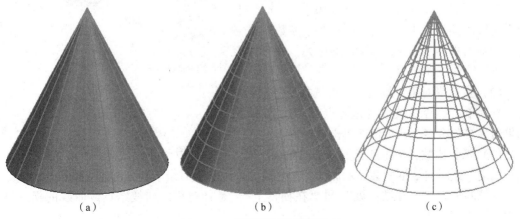

(a)　　　　　　　　　　　(b)　　　　　　　　　　　(c)

图4-42　圆锥面网格线的绘制

（3）单击选择圆锥体表面，在"方向"下拉列表中选择"V"选项，在"位置"下拉列表中选择"均匀"选项，在"数量"框中输入"11"，单击"确定"按钮，生成10 mm等间距圆环线，如图4-42（b）所示。

（4）隐藏圆锥体，只显示圆锥面网格线，如图4-42（c）所示。

4.4　空间曲线的编辑

空间曲线的编辑是对曲线进行修改参数、按边界修剪或延伸、分段等操作。

选择【菜单】→【编辑】→【曲线】命令，子菜单中有4种常用的空间曲线编辑操作。

1. 参数

该操作是按曲线创建时的方法进行参数编辑，相当于双击曲线进行编辑。

2. 修剪

该操作是对曲线按边界进行修剪或延伸。图4-43所示为【修剪曲线】对话框，单击激活"要修剪的曲线"栏，再单击选择需要修剪或延伸的曲线部分，然后单击激活"边界对象"栏，单击需要修剪或延伸的边界曲线，其他按图示设置，最后单击"确定"按钮，完成曲线的修剪或延伸。

3. 分割

该操作是将曲线按一定方式分割成若干段。

选择【菜单】→【编辑】→【曲线】→【分割】命令，打开【分割曲线】对话框，如图4-44所示，在"类型"下拉列表中有5种分割方式可以选择。

（1）等分段，均匀地分割曲线，单击选择要分割的曲线，输入分割的段数，单击"确定"按钮即可。在"段数"栏中，选择"等弧长"选项时，分割的每段曲线弧长一样；选择"等参数"选项时，分割的曲线弧长与曲率半径有关，曲率半径小，该段的曲线弧长短。

（2）按边界对象，按提示单击选择要分割的曲线，然后单击边界曲线或者边界点或者边界曲面，如果边界对象有多个，可依次单击选择。

（3）弧长段数，单击选择要分割的曲线，输入弧长长度，此时对话框中会显示曲线分割之后的段数和最后余下部分的曲线弧长。

另外两种方法"在结点处"和"在拐角上"，是针对样条曲线结点或曲线的拐点进行分割。

图4-43　【修剪曲线】对话框

进行曲线分割操作时会出现图4-45所示的【分割曲线】提示框，单击"是（Y）"按钮，即将原来曲线的参数去掉，重新赋予分割后的参数。

图4-44　【分割曲线】对话框　　　　　图4-45　【分割曲线】提示框

4. 长度

长度编辑操作是改变曲线的长度。

选择【菜单】→【编辑】→【曲线】→【长度】命令，打开【曲线长度】对话框，如图4-46所示，单击选择需要编辑的曲线，在"限制"栏中输入曲线开始端点和结束端点加长（正值）或缩短（负值）的距离，单击"确定"按钮，完成曲线长度的改变。

图4-46　【曲线长度】对话框

4.5　综合实例

设计要求

绘制斜拉索大桥线框图。

设计步骤

（1）绘制桥面轮廓线。

选择【菜单】→【插入】→【曲线】→【直线】命令，弹出图4-11所示的【直线】对话框，单击选择基准坐标系的原点作为起点，鼠标沿X轴方向拖动，在动态文本框中输入桥面长度240 000 mm（240 m）：长度 240000 mm，单击【直线】对话框中的"确定"按钮，完成一条边线的绘制。通过【直线】命令，用同样的方法绘制沿X轴方向和沿Y轴方向首尾相连的20 000 mm×240 000 mm的桥面矩形轮廓线，如图4-47所示，桥面轮廓线长240 m，宽20 m。

桥面轮廓线的平行边也可以通过空间曲线的偏置命令（【菜单】→【插入】→【派生曲线】→【偏置】）绘制。

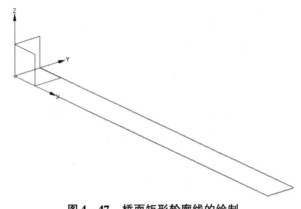

斜拉索大桥
线框建模

图4-47　桥面矩形轮廓线的绘制

（2）绘制拱线控制点。

选择【菜单】→【插入】→【基准/点】→【点】命令，弹出【点】对话框，如图4-48所示，在"类型"下拉列表中选择"曲线/边上的点"选项，按弧长位置确定点，在"位置"下拉列表中选择"弧长"选项，在"弧长"框中输入"20000"，单击选择矩形下方的长边，单击时靠近左侧端，这样弧长计算是从左侧开始的。单击"应用"按钮，创建一个点，该点在矩形的下方长边上，距离左侧端点20 m。

用同样的方法在矩形长边上绘制距离左侧端点80 m、160 m、220 m的3个点。

通过空间【点】命令以输入坐标值的方法绘制3个空间点：（50 000，10 000，20 000）、（120 000，10 000，30 000）、（190 000，10 000，20 000）。

绘制好的7个点如图4-49所示。

（3）绘制拱线。

选择【菜单】→【插入】→【曲线】→【圆弧/圆】命令，弹出图4-50所示的【圆弧/圆】对话框，按三点绘制圆弧，单击选择矩形长边上的起点和端点，单击选择桥面上方的中心点，绘制3段圆弧拱线，如图4-51所示。

（4）镜像复制拱线。

选择【菜单】→【插入】→【关联复制】→【镜像特征】命令，弹出图4-52所示的【镜像特征】对话框，按图示设置，单击激活"选择特征"栏，单击选择3条拱线，单击激活"指定平面"栏，单击选择基准坐标系的X-Z平面，在弹出的"距离"框中输入"10000"，单击"确定"按钮，完成桥体另一侧拱线的绘制，如图4-53所示。

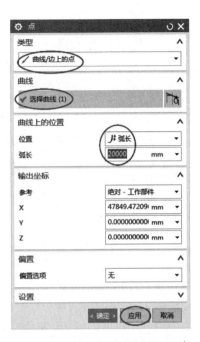

图4-48 【点】对话框

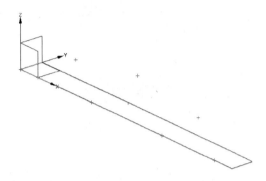

图4-49 大桥拱线控制点的绘制

图4-50 【圆弧/圆】对话框

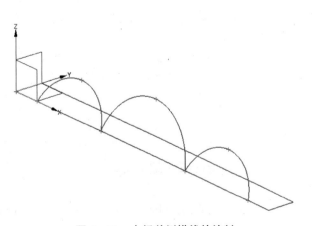

图4-51 大桥单侧拱线的绘制

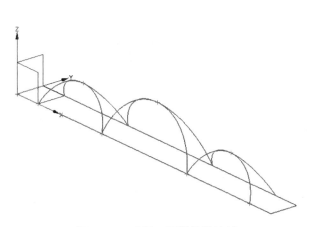

图 4-52　【镜像特征】对话框　　　　　　　图 4-53　大桥双面拱线的绘制

（5）绘制点集。

在桥面矩形长边和拱线上绘制点集，用以连接绘制桥体斜拉索线。

选择【菜单】→【插入】→【基准/点】→【点集】命令，弹出图 4-54 所示的【点集】对话框，按图示设置，单击矩形长边，单击"应用"按钮，完成矩形长边的点集绘制，即等距绘制了 49 个点，相当于等分成 48 段。

用同样的方法绘制拱线的点集，两边较小的拱线按等弧长绘制 13 个点，即等分 12 段；大的拱线绘制 17 个点，即等分成 16 段。

绘制的点集如图 4-55 所示。

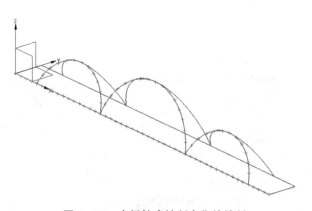

图 4-54　【点集】对话框　　　　　　　图 4-55　大桥拉索控制点集的绘制

（6）绘制斜拉索线。

通过空间曲线【直线】命令依次绘制矩形长边和拱线上对应点的斜拉索线，如图4-56所示，完成桥体一侧的所有斜拉索线的绘制。

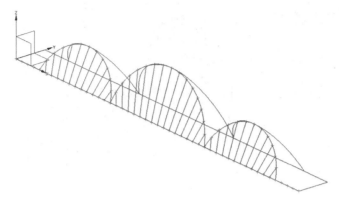

图4-56　大桥单侧拉索线的绘制

（7）镜像复制斜拉索线。

选择【菜单】→【插入】→【关联复制】→【镜像特征】命令，弹出图4-52所示的【镜像特征】对话框，按图示设置，单击激活"选择特征"栏，单击选择所有的斜拉索线，单击激活"指定平面"栏，单击选择基准坐标系的X-Z平面，在弹出的"距离"框中输入"10000"，单击"确定"按钮，完成桥体另一侧斜拉索线的绘制，如图4-57所示。

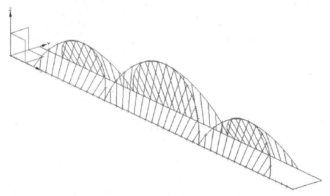

图4-57　大桥双侧拉索线的绘制

（8）绘制桥墩线框。

通过空间曲线【直线】命令绘制自各拱线端点垂直向下40 m的直线，绘制相应的端点连线及垂直线的中点连线，如图4-58所示。

（9）隐藏辅助特征。

隐藏桥面矩形短边，单击选中桥面矩形的两短边，单击鼠标右键选择【隐藏】命令；单击选择基准坐标系，单击鼠标右键选择【隐藏】命令；在菜单栏旁边的"类型过滤器"下拉列表中选择"点"选项，然后用鼠标框选整个图像，把其中的点全部选中，单击鼠标右键选择【隐藏】命令。

完成的斜拉索大桥线框如图4-59所示。

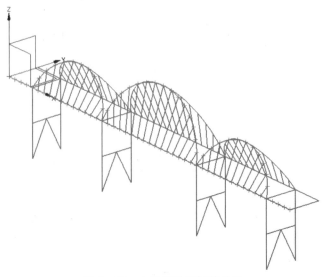

图4-58　大桥桥墩线框的绘制

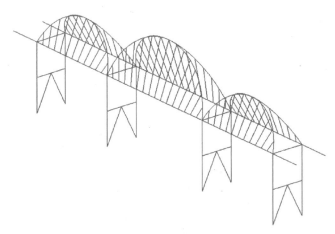

图4-59　斜拉索大桥线框

本章小结

　　本章介绍了空间曲线的绘制、操作与编辑，空间曲线的绘制相对于平面草图曲线的绘制更加灵活自由，可以在空间三维方向任意绘制曲线，要熟练掌握曲线绘制过程中"支持平面"选项的正确使用。规律曲线是本章的重点内容，也是难点内容，要理解掌握 UG NX 表达式对曲线方程的正确设置，明确规律曲线的绘制步骤。

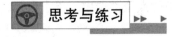　思考与练习　▶▶　▶

1. 思考题

（1）什么是规律曲线？简述其绘制步骤。

（2）偏置曲线有哪几种偏置方式？

（3）桥接曲线在桥接点处有哪几种连续方式？

（4）简述相交曲线的面可以是哪些种类？

（5）简述绘制点集的常用方法。

（6）如何绘制各个点不在同一平面内的样条曲线？

2. 操作题

（1）绘制图 4-60 所示的地球仪经纬线，地球仪直径自定，经度和纬度间隔均为 20°。

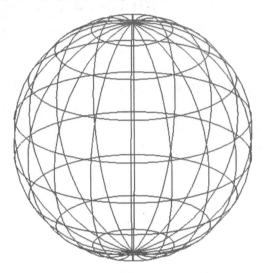

图 4-60 地球仪经纬线

（2）用空间曲线绘制与操作命令绘制图 4-61 所示的图形，立方体框线均为 200 mm，在立方体 6 个面的中心绘制直径为 100 mm 的圆。

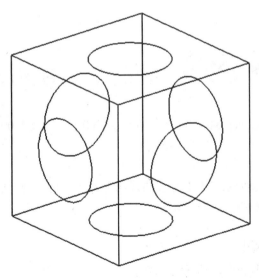

图 4-61 立方体框线及圆

第 5 章
曲面建模

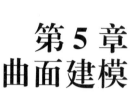

曲面建模广泛应用于工业设计领域，主要用于产品的外观设计。曲面建模的方法灵活多样，可以由点绘制曲面，可以由点和曲线绘制曲面，也可以由曲线绘制曲面，还可以通过对曲面的相关操作构建新的曲面，随着构建曲面对象自由度的提高，曲面绘制越发自由、多变、复杂。强大的曲面编辑功能又为曲面建模后期消除瑕疵，修复局部缺陷，比对、定制方案，完善造型提供了保证。

学习目标

※　曲面的基本概念

※　曲面绘制

※　曲面操作

※　曲面编辑

5.1　入门引例

设计要求

绘制输粉机转子螺旋面，螺旋面外缘直径为 300 mm，长 1 000 mm，螺距为 100 mm，右旋。

设计思路

通过绘制螺旋线及其轴线，以【通过曲线组】命令创建螺旋面。通过在曲面上绘制曲线，以修剪片体的方法修整螺旋面边角面。

设计步骤

（1）绘制螺旋线中轴线。

打开支持文件"5-1.prt"，选择【菜单】→【插入】→【曲线】→【直线】命令，弹出【直线】对话框，过原点绘制 Y 轴方向的直线，长 1 000 mm，如图 5-1 所示。

（2）绘制螺旋线。

选择【菜单】→【插入】→【曲线】→【螺旋】命令，弹出【螺旋】对话框，按图

5-2 所示设置参数，在"脊线"栏单击选择刚绘制的直线，最后单击"确定"按钮，完成螺旋线的绘制，如图5-3所示。

输粉机转子
曲面建模

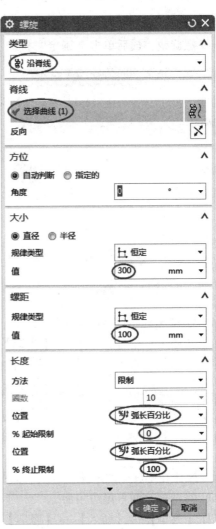

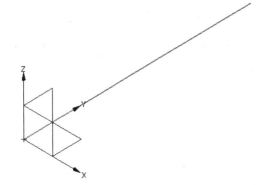

图 5-1　直线的绘制　　　　　　图 5-2　【螺旋】对话框

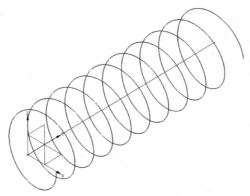

图 5-3　螺旋线的绘制

（3）创建螺旋面。

选择【菜单】→【插入】→【网格曲面】→【通过曲线组】命令，弹出图5-4所示的【通过曲线组】对话框，在"截面"栏单击选择绘制的直线，再单击添加新集按钮 ⊹，单击选择螺旋线，最后单击"确定"按钮，完成螺旋面的绘制，如图5-5所示。

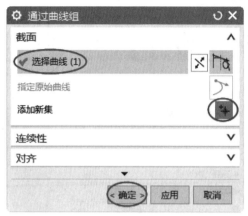

图5-4　【通过曲线组】对话框　　　　　图5-5　螺旋面的绘制

（4）绘制螺旋面首尾修剪边界线。

选择【菜单】→【插入】→【曲线】→【曲面上的曲线】命令，弹出图4-21（a）所示的【曲面上的曲线】对话框，单击激活"选择面"栏，单击选择螺旋面，再单击激活"指定点"栏，单击螺旋面起始段接近心轴的一点，此时弹出约束框 G1 G2，单击"G1"按钮，使绘制的曲线在该点处与螺旋面的边线相切；在中间位置单击一点；在曲面边缘螺旋线上单击一点，此时也要单击弹出约束框中的"G1"按钮，通常绘制3个点即可，如图5-6所示。

同样操作在螺旋面的末尾侧也绘制面的上曲线。

（5）修剪螺旋面首尾边角面。

选择【菜单】→【插入】→【修剪】→【修剪片体】命令，弹出图5-7所示的【修剪片体】对话框，单击激活"选择片体"栏，单击选择螺旋面；单击激活"选择对象"栏，单击刚才绘制的曲面上的曲线，再单击激活"选择区域"栏，最后单击"确定"按钮，螺旋面以绘制的面上曲线为边界修剪掉边角面部分。假如保留的是边角面，则需要在"选择区域"栏单击"保留"或"放弃"单选按钮进行调整。

用同样的方法修剪螺旋面另一端的边角面。修剪完成的螺旋面如图5-8所示。

（6）显示与隐藏相关特征。

选择【菜单】→【编辑】→【显示和隐藏】→【显示和隐藏】命令，弹出【显示和隐藏】对话框，单击"基准"和"曲线"后面的减号，隐藏所有基准和空间曲线，单击"关闭"按钮退出对话框。

选择【菜单】→【编辑】→【显示和隐藏】→【显示】命令，单击选择已经绘制完成暂时隐藏起来的传动轴，使之显示出来。

绘制完成的输粉机转子如图5-9所示。

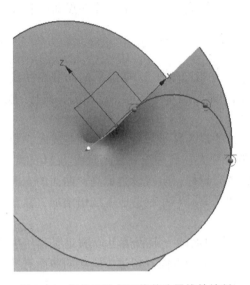

图 5-6　螺旋面边角面修剪边界线的绘制

图 5-7　【修剪片体】对话框

图 5-8　螺旋面修剪边角面

图 5-9　输粉机转子

5.2　曲面的基本概念

1. 曲面与片体

曲面是广义的概念，比如空间弯曲的面、平面、实体的表面，都称为曲面；片体是比较特殊的概念，可认为是厚度为零的实体，或质量为零的实体，或只有面积没有体积的实体。一个空间曲面可以叫作曲面，也可以叫作片体，但一个实体的表面可以叫作曲面，但不能叫作片体，这就意味着片体具有独立性的概念，而曲面具有附属性的概念。单独的空间曲面虽然叫作曲面，但它实质是指片体表面的曲面，所以曲面总是附属于实体或片体。一个片体至少有一个曲面，可以有多个曲面，但同一个曲面不可能同时跨越多个片体。比如，一条直线拉伸成平面，通过【分割面】命令可以将其表面分割成两个平面，但其整体还是一个片体。在 UG NX 中由于翻译的原因曲面和片体的称谓不是严格区分的，比如【四点曲面】命令实质是通过四点绘制片体。

2. 曲面的阶次

曲面的阶次实质上仍然是指曲线的阶次概念，是指曲面在 U 向和 V 向的截面曲线方程的最高幂指数。U，V 方向是相互垂直的，U 方向通常是指水平方向，或横向，或行的方向；V 方向通常是指竖直方向，或纵向，或列的方向。

曲面的阶次越高，曲面方程越复杂，曲面方程的最高幂指数越大，曲面越光顺，当然对曲面成型的加工工艺要求越高。UG NX 的计算能力强大，允许绘制最高阶次为 24 的曲面。

这里要明确的是，曲面建模并非设置的阶次越高越好，阶次设置偏高，曲面的光滑程度高，加工工艺复杂，加工设备精度和误差要求更加严苛，产品制造成本成倍增加，甚至现今工艺和设备根本无法完成。

曲面建模的阶次通常不超过 3。一方面，3 阶次曲面的光顺程度足以满足工程、生活等的需要，再高阶次的曲面在实际使用中是不必要的；另一方面，超过 3 阶次的曲面对工艺与设备的要求苛刻，难以实现。

3. 曲面补片

曲面补片是指构成曲面的片数。单片曲面是指曲面仅是一个面片，多片曲面是指曲面由多个面片组成，面片越多，曲面越光滑、越顺畅。

曲面的片数与阶次是有对应关系的，曲面的阶次就是曲面组成的最少片数。曲面的阶次越高，组成曲面的最少面片越多，反之越少。比如曲面的行阶次是 3，说明组成曲面在行方向上的面片最少是 3 片；如果曲面的列阶次是 2，说明组成曲面在列方向上的面片最少是 2 片，即该行阶次为 3、列阶次为 2 的曲面最少由 6 片面片组成。

4. 曲面的连续性

曲面的连续性是指曲面与曲面在连接边处的连接关系，通常有 5 种方式。

G0：曲面与曲面在连接处直接相连，有时也翻译成"位置"；

G1：曲面与曲面在连接边处为相切关系，即连接边任一点的斜率相等，有时也翻译成"相切""自然相切"；

G2：曲面与曲面在连接边处各点的曲率半径相等，有时也翻译成"曲率""自然曲率""圆弧"；

G3：曲面与曲面在连接边处以更加流畅的方式连接，具体由 UG NX 软件内部设定程序控制，有时也翻译成"流""流畅"；

镜像：曲面与曲面是在连接边处镜像对称。

5.3　曲面绘制

5.3.1　由点绘制曲面

由点绘制曲面是通过多个空间点构建曲面。

1. 四点曲面

四点曲面是通过四个空间点绘制曲面。

选择【菜单】→【插入】→【曲面】→【四点曲面】命令，弹出【四点曲面】对话框，如图 5-10 所示，依次选择四个点便可构建曲面，每个点可单击点构造器按钮，通过基准点绘制方法确定。

图 5-11 所示为选择一立方体的四个角点构建曲面。读者可自行尝试选择顺序不同的立方体的相同的四个角点，观察构建的曲面是否一样。

图 5-10　【四点曲面】对话框

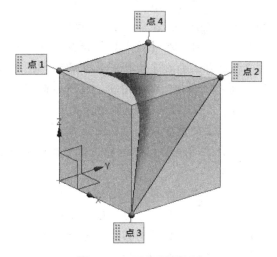

图 5-11　四点曲面绘制

2. 通过点绘制曲面

通过点绘制曲面是通过横向、纵向排列的足够多的点绘制曲面。

选择【菜单】→【插入】→【曲面】→【通过点】命令，弹出【通过点】对话框，如图 5-12 所示。

在"补片类型"下拉列表中通常选择"多个"选项，面片数通过阶次控制。假如选择"单侧"选项，则行阶次、列阶次是不必选的。

通过"沿以下方向封闭"下拉列表可以设置曲面是否封闭，通常选择"两者皆否"选项，即曲面在行方向、列方向均不封闭，封闭的曲面生成的是实体。

"行阶次""列阶次"框用于设置曲面的行阶次和列阶次，行阶次和列阶次控制绘制曲面的点的个数。曲面的阶次是组成曲面的最少面片数，比如曲面的行阶次是 3，说明组成曲面行方向上的面片数最少是 3 片，即行方向的构成点数至少是 4 个；如果曲面的列阶次是

4，说明组成曲面在列方向上的面片数最少是 4 片，即列方向的构成点数至少是 5 个。由此可见，通过点绘制曲面行方向的点数至少是行阶次 +1 个，列方向的点数至少是列阶次 +1 个，总共需要至少（行阶次 +1）×（列阶次 +1）个点。

单击"文件中的点"按钮表示通过调用点集文件绘制空间曲面。

 应用案例 5 – 1　绘制行阶次为 3、列阶次为 2 的空间曲面

曲面的行阶次为 3，则每一行至少要有 4 个控制点；列阶次为 2，则每一列至少要有 3 个控制点，即至少要选择 3 行 4 列的点集绘制曲面。

（1）打开支持文件"5 – 2.prt"，如图 5 – 13 所示，这是事先通过【点集】命令绘制好的沿圆柱面生成的 5 行 5 列点集。

（2）选择【菜单】→【插入】→【曲面】→【通过点】命令，弹出图 5 – 12 所示的【通过点】对话框，在"行阶次"框中输入"3"，在"列阶次"框中输入"2"，单击"确定"按钮，弹出【过点】对话框，如图 5 – 14 所示。该对话框是让绘图者选择一种确定点的方式，前三种是通过链的方式逐行选择点，第四种方式是逐点选择。这里要注意一点，软件汉化经常会有翻译不是很贴切的地方，这里"过点"翻译成"选择点"比较好，绘图者理解意思即可。在【过点】对话框中单击选择"点构造器"方式，弹出【点】对话框，此时，依次自左向右连续单击选择图 5 – 13 中第一行的前 4 个点，然后单击【点】对话框中的"确定"按钮，弹出图 5 – 15 所示的【指定点】对话框，单击"是"按钮，返回【点】对话框。至此，相当于选择好了曲面第一行的构成点。第一行的构成点选择了 4 个点，恰好满足行阶次的最少点数的要求。

（3）在【点】对话框的状态下继续选择第二行的点，连续选择图 5 – 13 中第二行的前 4 个点，单击"确定"按钮，弹出图 5 – 15 所示的【指定点】对话框，假如这一行不只需要 4 个点，而需要更多的点，比如 5 个点，这样就要单击"否"按钮，继而返回【点】对话框，选择图 5 – 13 中第二行的最后一个点，单击"确定"按钮，又回到图 5 – 15 所示的【指定点】对话框，不需要为第二行选择其他点了，单击"是"按钮即可。这里要注意，在【点】对话框状态下，假如一行需要的点没有选择足够数量就单击了"确定"按钮，会出现点数不满足阶次要求的【错误】提示框，如图 5 – 16 所示。此时单击"确定"按钮回到【点】对话框，再重新为该行选择足够多的点即可。

（4）选择图 5 – 13 中第三行的后 4 个点作为曲面的第三行构成点，方法如前所述。在确定完成第三行点的选择后，单击图 5 – 15 所示的【指定点】对话框中的"是"按钮，会弹出确认所有点选择的【过点】对话框，如图 5 – 17 所示，单击"所有指定的点"按钮是确认刚才选择的所有的点；单击"指定另一行"按钮是指还想选择更多一行的点。图 5 – 18 所示是单击"所有指定的点"按钮后生成的空间曲面，图 5 – 19 所示是单击"指定另一行"按钮后，继续选择图 5 – 13 中第五行的所有点之后生成的空间曲面。

（5）曲面生成后便又回到图 5 – 12 所示的【通过点】对话框，等待以通过点的方法绘制下一个曲面，假如不需要继续绘制曲面，单击"取消"按钮，退出通过点绘制曲面命令。

在上述例子中第（2）步，选择点是逐个地单击选择，也可以逐行进行选择来绘制曲面，需要选择图 5 – 14 所示的【过点】对话框中的前三种按链选择点的方式。单击"全部成链"按钮，弹出图5-15所示的【指定点】对话框，此时单击一行点的起点和终点即可，该行中间的点是自动识别的。继续选择其余各行的起点和终点，各行的中间点均自动识别。当点选择的行数满足列阶次要求时，会弹出图5-17所示的【过点】对话框，此时，假如按刚才选择的这些点构建曲面，单击"所有指定的点"按钮；假如还想再选择新的一行点构建曲面，单击"指定另一行"按钮，又弹出图5-20所示的【指定点】对话框，同时单击选择新的一行的起点和终点，中间点自动识别，接着又弹出图5-17所示的【过点】对话框，单击"所有指定的点"按钮完成曲面构建。

图5-14所示的【过点】对话框中的"在矩形内的对象成链""在多边形内的对象成链"的选择点方式类似于"全部成链"。每一行的点是通过矩形框内或多边形框内选择的点构建曲面，框内的点也需要指定起点和终点，中间点自动识别。假如某一行指定了起点和终点后，识别的行点数不满足行阶次的要求，会弹出图5-16所示的【错误】提示框，需要重新选择一行的点。

图5-12　【通过点】对话框

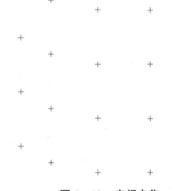

图5-13　空间点集

图5-14　【过点】对话框

图5-15　【指定点】对话框

图5-16 【错误】提示框

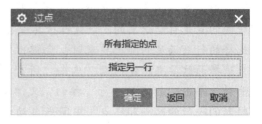

图5-17 【过点】对话框

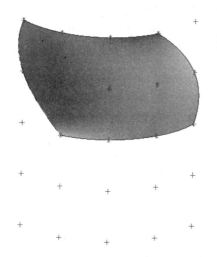

图5-18 通过点绘制曲面（3行点）

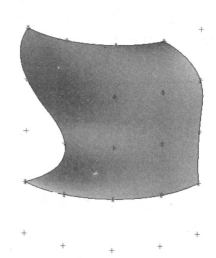

图5-19 通过点绘制曲面（4行点）

图5-20 【指定点】对话框

3. 从极点绘制曲面

从极点绘制曲面的方法与通过点绘制曲面的方法相同，这里不做赘述。其不同之处在于，通过点绘制的曲面通过所选择的所有的点，而从极点绘制的曲面除了四个角点，其余的点均不在曲面上，而是用于控制曲面的形状和趋势。

这里要明确，不论是通过点绘制曲面还是从极点绘制曲面，选择行的点、列的点个数不同，生成的空间曲面不同；选择的点相同，但顺序不同，生成的空间曲面也不同，这是由于曲面的生成计算依赖于点的空间位置与构建顺序。

5.3.2 由曲线绘制曲面

通过曲线绘制曲面是常用的，也是主要的曲面构建方法，其方式多样，建模自由，操作

灵活，适用性强。

1. 通过曲线组绘制曲面

该方式是由多条曲线绘制曲面，这些曲线通常是大致平行而不相交的多条曲线，或者是方向趋势一致而不相交的多条曲线。构建曲面的曲线至少是两条，这些曲线对象可以是单条空间曲线、曲面的边、实体的边，也可以是首尾相连的多条曲线。

选择【菜单】→【插入】→【网格曲面】→【通过曲线组】命令，弹出图5-4所示的【通过曲线组】对话框，在"截面"栏通过单击"添加新集"按钮，选择多条曲线构建曲面。

 应用案例5-2 通过曲线组绘制曲面

（1）打开支持文件"5-3. prt"，如图5-21所示。

（2）选择【菜单】→【插入】→【网格曲面】→【通过曲线组】命令，弹出图5-4所示的【通过曲线组】对话框，首先单击选择曲线1，然后单击"添加新集"按钮，连续单击选择首尾相连的曲线2和曲线3，再单击"添加新集"按钮，单击选择曲线4，最后单击"确定"按钮，完成曲面的创建，如图5-22所示。如果结果出现曲面扭曲现象，试着单击某条曲线的反向按钮即可。

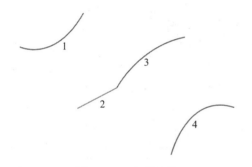
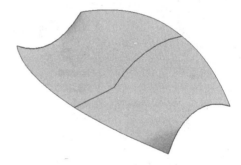

图5-21 空间曲线　　　　　图5-22 通过曲线组绘制曲面

2. 通过曲线网格绘制曲面

该方式是通过纵横交错的多条空间曲线绘制曲面。

选择【菜单】→【插入】→【网格曲面】→【通过曲线网格】命令，弹出【通过曲线网格】对话框，如图5-23所示，在"主曲线"栏中，单击选择一些曲线作为主曲线，然后单击激活"交叉曲线"栏，单击选择一些曲线作为交叉曲线。同【通过曲线组】命令中曲线的选择一样，选择一条新的曲线对象作为主曲线或者交叉曲线时需要单击"添加新集"按钮，否则，连续选择的曲线是作为一条主曲线或交叉曲线识别的。纵横交错的曲线选择完成后，单击"确定"按钮，完成空间曲面的绘制。

在选择纵横交错的曲线时，哪个方向作为主曲线，哪个方向作为交叉曲线均可，不会影响曲面绘制的结果。通过纵横交错的曲线构建曲面，其隐含两个必要条件：①曲线需要有纵向的和横向的，纵向的至少两条，横向的至少两条，这样才能构建一个网格，曲线总数至少是四条；②纵向曲线与横向曲线需要相交。不满足这两个条件无法通过曲线网格构建曲面。

为了建模的实际需要，曲线相交不要求绝对相交，在公差范围内相交即可。对某些曲面建模时，可能一些曲线在绘制过程中会出现误差，导致曲线不相交而构建曲面失败，此时可以将"G0（位置）"处的公差值设置得大些以完成曲面的绘制。

 应用案例5-3　通过曲线网格绘制曲面

（1）打开支持文件"5-4.prt"，如图5-24所示，通过这4条纵横交错的空间曲线绘制曲面。

（2）选择【菜单】→【插入】→【网格曲面】→【通过曲线网格】命令，弹出图5-23所示的【通过曲线网格】对话框，首先单击选择曲线1，再单击"添加新集"按钮，单击选择曲线2，以纵向的曲线1，2作为主曲线，然后单击激活"交叉曲线"栏，单击曲线3作为一条交叉曲线，再单击"添加新集"按钮，单击选择曲线4作为第二条交叉曲线，最后单击"确定"按钮，完成曲面的创建，如图5-25所示。

【通过曲线网格】对话框中的"连续性"栏用于设置绘制的曲面是由选定的纵横相交的曲线构建，同时要满足一定的边界条件，即在每一条边处与边界的曲面是按G0，G1或G2的方式连接的。

图5-23　【通过曲线网格】对话框

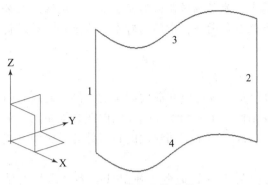

图 5-24 空间网格曲线

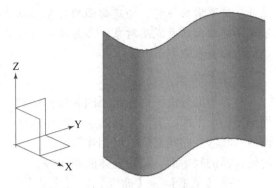

图 5-25 通过曲线网格绘制曲面

 应用案例 5-4 绘制附加边界条件的曲线网格曲面

(1) 打开支持文件 "5-5. prt",如图 5-26 所示。

(2) 通过【通过曲线网格】命令以曲线 1、曲线 2 为主曲线,以曲线 3、曲线 4 为交叉曲线,绘制空间曲面。当在"连续性"栏中全部选择"G0(位置)"方式时,生成的曲面如图 5-27 所示,构建的曲面在主曲线处与边界曲面直接相连。

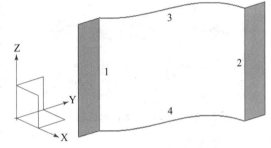

图 5-26 附带边界曲面的曲线网格

假如在"连续性"栏中,在"第一主线串"下拉列表中选择"G1(相切)"选项,同时单击选择曲线 1 处的平面;再在"最后主线串"下拉列表中选择"G1(相切)"选项,同时单击选择曲线 2 处的平面,此时生成的曲面如图 5-28 所示,在两条主曲线处均与边界曲面相切。

读者可自行尝试在两条主曲线处在"连续性"栏中选择"G2(曲率)"方式时的曲面样式,细心观察连续性分别为"G0(位置)""G1(相切)""G2(曲率)"方式时构建曲面的差别。

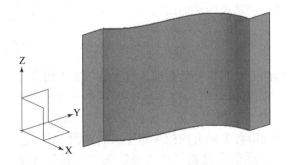

图 5-27 与边界曲面 G0 连续的网格曲面

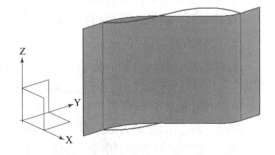

图 5-28 与边界曲面 G1 连续的网格曲面

在【通过曲线组】和【通过曲线网格】命令中,连续单击选择的首尾相连的多条曲线是作为构建曲面的一个曲线对象识别的,不同的曲线对象通过单击"添加新集"按钮 ⊕ 来区分。这里需要注意，构建曲面的对象可以选择点，为了确保曲面的完整性和连续性，点必须是构建曲面的首或尾对象，参与构建曲面的点最多是两个，中间的对象不能是点，否则构建的曲面会被点割裂断开。

3. 有界平面

有界平面是由平面内封闭的曲线构建的平面。这实际是空间曲面绘制的特例，绘制的曲面只是一个平面。有界平面的绘制需要两个必要条件：①参与绘制曲面的曲线必须在同一平面内；②这些曲线必须首尾相连且封闭。有界平面经常用于曲面建模的封口处理，比如生成回转容器的底平面、箱盒壳体的侧面等。

选择【菜单】→【插入】→【曲面】→【有界平面】命令，弹出【有界平面】对话框，如图 5-29 所示，单击选择在同一平面内首尾相连的封闭曲线即可绘制有界平面。这些曲线可以通过草图的方法绘制，也可以通过空间曲线的方法绘制，请读者自行完成。

操作中，当选择的曲线不在同一平面内或未封闭时，会弹出【警报】提示框，如图 5-30 所示，需要对曲线进一步修改编辑。

图 5-29 【有界平面】对话框

（a） （b）

图 5-30 【警报】提示框

4. 填充曲面

填充曲面是通过封闭的曲线构建的曲面。这些曲线需要首尾相连且封闭。该命令简单实用，常用于曲面建模后期的一些缺口补面处理。

选择【菜单】→【插入】→【曲面】→【填充曲面】命令，弹出【填充曲面】对话框，如图 5-31 所示，单击选择封闭的曲线即可完成曲面的绘制。

5.3.3 扫描曲面

扫描曲面是对曲线按规律扫描移动，通过其运动轨迹构建曲面的方法。按不同的方式可生成拉伸曲面、旋转曲面和扫掠曲面。

1. 拉伸曲面

拉伸曲面是曲线沿某一矢量方向拉伸生成的曲面。当拉伸的曲线为直线时，则生成的是平面；当拉伸的是曲线时，则生成的是曲面。它同实体建模的拉伸操作是同一个命令，即【菜单】→【插入】→【设计特征】→【拉伸】命令，操作参见 3.6.1 节。

图 5-32 所示分别为选择直线、整圆线和曲线沿着 Z 轴方向拉伸而生成的曲面。需要注意的是，当拉伸的曲线封闭时，需要在【拉伸】对话框中设置"体类型"为"片体"才能生成曲面，否者生成的是实体。

2. 旋转曲面

旋转曲面是曲线绕某一矢量方向旋转一定角度生成的曲面。它同实体建模的旋转是同一

图 5-31 【填充曲面】对话框

个命令，即【菜单】→【插入】→【设计特征】→【旋转】命令，操作参见 3.6.2 节。

值得注意的是，曲线在旋转时不能产生自相交运动，否则会弹出图 5-33 所示的【警报】提示框，无法完成操作。比如两条相交线，其中一条曲线不能绕另一条曲线旋转运动生成曲面。旋转曲面是来自对不封闭曲线绕某一矢量的旋转，假如旋转的曲线是封闭的，则会生成实体。不封闭的曲线整周旋转运动时，需要设置【旋转】命令对话框中的"体类型"为"片体"。

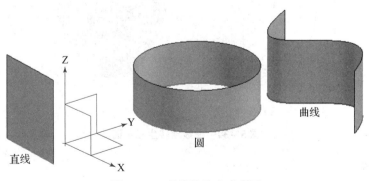

图 5-32 曲线拉伸生成曲面

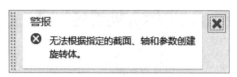

图 5-33 【警报】提示框

 应用案例5-5　花瓶外表曲面建模

（1）打开支持文件"5-6.prt"，如图5-34（a）所示。

（2）选择【菜单】→【插入】→【设计特征】→【旋转】命令，弹出图3-119所示的【旋转】命令对话框。单击激活"选择曲线"栏，单击选择图5-34中的曲线；单击激活"指定矢量"栏，单击选择Z轴为旋转矢量；单击激活"指定点"栏，再单击选择坐标原点为旋转点；在"限制"栏中输入开始角度0°、结束角度360°，在"设置"栏中将"体类型"设置为"片体"；最后单击"确定"按钮，完成花瓶外表曲面的创建，如图5-34（b）所示。

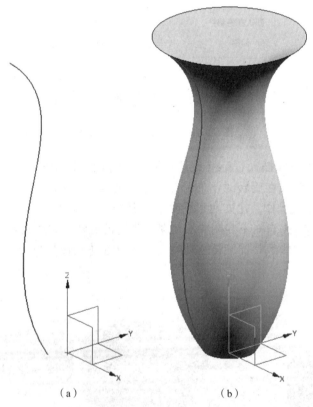

（a）　　　　　　　（b）

图 5-34　曲线旋转生成曲面

3. 扫掠曲面

扫掠曲面是一条曲线沿另一条曲线运动生成的曲面。运动的曲线叫作截面线，沿着运动的路径曲线叫作引导线，截面线与引导线均可以是草图曲线、空间曲线、曲面或实体的边线。扫掠曲面的操作与实体建模的扫掠相同，使用同一命令，即【菜单】→【插入】→【扫掠】→【扫掠】命令，参见3.6.3节。

扫掠曲面功能完善，是最为灵活、最为复杂、最为全面的曲面建模方法，拉伸曲面、旋转曲面、通过曲线网格等均可通过扫掠曲面建模方法替代完成。为了建模表达的自由、灵活、多样，截面曲线可以是沿引导线方向布置的多条曲线，每条截面曲线可以是单条线段，也可以是首尾相连的多条线段。引导线可以是1条、2条，最多3条曲线。当仅有1条或2条引导线时，曲面在满足该引导线限定的条件基础上，其形状结构是可变、不确定的，为了消除这种自由度对建模造成的不可控，引导线增加到3条。3条引导线使截面线的运行发展得到精确控制，因为沿引导线方位每个截面均是由3条引导线的相交点唯一确定的，因为3个点确定一个平面，因此3条引导线构建的扫掠曲面具有唯一性。

 应用案例5-6　工艺盒曲面建模

（1）打开支持文件"5-7.prt"，如图5-35（a）所示，以曲线1，2，3，4组成一条截面线，以曲线6，7，8，9组成另一条截面线，以曲线5作为引导线，通过扫掠方法构建曲面。

（2）选择【菜单】→【插入】→【扫掠】→【扫掠】命令，弹出图3-126所示的【扫掠】对话框。激活"截面"栏，依次连续单击选择曲线1，2，3，4，单击"添加新集"按钮 ，再依次连续单击曲线6，7，8，9，然后单击激活"引导线"栏，单击选择曲线5，再在"设置"栏中将"体类型"设置为"片体"，其余设置默认，单击"确定"按钮，完成曲面的构建，如图5-35（b）所示。

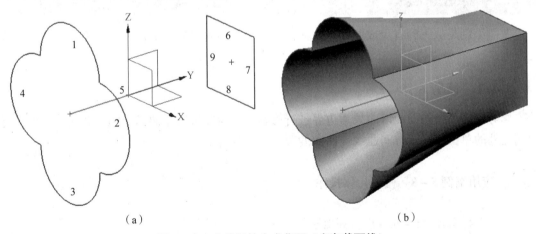

（a）　　　　　　　　　　　　　　　　（b）

图5-35　曲线扫掠生成曲面（多条截面线）

 应用案例5-7　绘制梯形容器侧面

（1）打开支持文件"5-8.prt"，如图5-36（a）所示，以曲线1，2，3，4连接成一条截面线，以曲线5，6，7作为3条引导线，创建梯形容器曲面。

（2）选择【菜单】→【插入】→【扫掠】→【扫掠】命令，弹出图3-126所示的

【扫掠】对话框。激活"截面"栏，依次连续单击选择曲线1，2，3，4，然后单击激活"引导线"栏，单击选择曲线5，再单击"添加新集"按钮 ，单击选择曲线6，再单击"添加新集"按钮 ，单击选择曲线7，然后在"设置"栏中将"体类型"设置为"片体"，其余设置默认，单击"确定"按钮，完成曲面的绘制，如图5-36（b）所示，生成了规则的梯形容器侧面。

为了加深理解，当引导线分别只选择1条（曲线5）和2条（曲线5、曲线7）构建曲面时，其生成的容器侧面如图5-36（c）、（d）所示，请读者在操作中观察并思考引导线对构建曲面形状的影响。

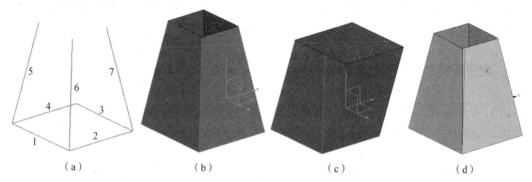

（a） （b） （c） （d）

图5-36 曲线扫掠生成曲面（多条引导线）

5.4 曲面操作

曲面绘制是从无到有生成曲面，曲面操作通常是指对已有的曲面通过一系列操作生成新的曲面。

5.4.1 修剪片体

修剪片体是指将曲面以曲线为边界进行修剪。该曲线可以是曲面上的轮廓线，也可以是曲面之外的草图曲线、空间曲线、曲面的边、实体的边等。

 应用案例5-8 修剪片体操作

打开支持文件"5-9. prt"，如图5-37所示。

选择【菜单】→【插入】→【修剪】→【修剪片体】命令，弹出图5-7所示的【修剪片体】对话框，单击激活"目标"栏，单击选择要修剪的曲面，然后单击激活"边界"栏，单击选择曲面上的封闭曲线，单击"确定"按钮，执行操作退出命令，修剪结果如图5-38（a）所示。

此操作是以封闭的曲线为边界将曲面内侧部分修剪掉，保留外侧部分。假如需要修剪掉外侧部分而保留封闭曲线内的部分，则需要在【修剪片体】对话框的"区域"栏中单击"保留"或"放弃"单选按钮进行切换。

图5-38（b）、（c）所示分别为以面上的不封闭曲线和面外的空间直线为边界对曲面进行修剪的结果，请读者自行完成操作。

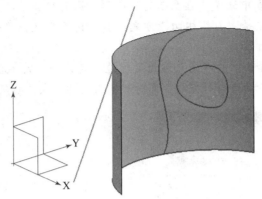

图5-37 片体与边界曲线

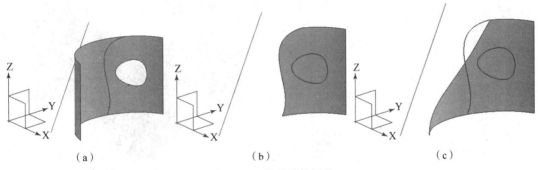

（a）　　　　　　　（b）　　　　　　　　（c）

图5-38 修剪片体操作

5.4.2 分割面

分割面是将曲面以曲线为边界分隔开。选择【菜单】→【插入】→【修剪】→【分割面】命令，弹出【分割面】对话框，如图5-39所示。该命令与修剪片体的命令基本相同，不同之处在于分割面只是把面分割成为两部分，而修剪片体是将曲面去掉一部分，保留一部分。读者可以参照修剪片体例子的支持文件"5-9. prt"进行操作以加深理解。

5.4.3 延伸片体

延伸片体是指曲面的边按照一定的方式延伸。延伸的幅度可以按距离值控制，也可以延伸至某一个边界面上。延伸的方式可以选择自然曲率、自然相切或镜像。

 应用案例5-9　延伸片体操作

打开支持文件"5-10. prt"，如图5-40所示。

选择【菜单】→【插入】→【修剪】→【延伸片体】命令，弹出【延伸片体】对话框，如图5-41所示。单击选择曲面的右侧立边作为延伸边，在"限制"框中输入偏置值"100"，在"曲面延伸形状"下拉列表中选择"自然相切"方式，其余设置默认，单击

"确定"按钮,完成曲面的延伸,如图5-42所示。

曲面不仅可以按距离延伸,也可以按边界延伸,上述操作中,延伸边选择曲面左侧的立边;在"限制"下拉列表中选择"直至选定"选项,同时单击选择左侧的平面;在"曲面延伸形状"下拉列表中选择"自然相切"方式,其余设置默认,单击"确定"按钮,完成曲面延伸,如图5-43所示。

图5-44所示为选择曲面的右侧立边为延伸边,延伸距离为100 mm,延伸方式为镜像的延伸片体操作结果,请读者自行完成,同时观察与延伸方式为自然曲率时的结果差异。

图5-39 【分割面】对话框

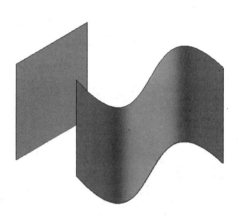

图5-40 空间曲面

图5-41 【延伸片体】对话框

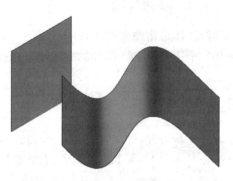

图5-42 曲面按距离曲率方式延伸

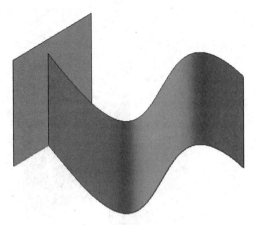

图 5 - 43　曲面按边界延伸

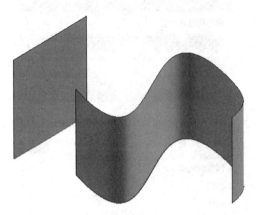

图 5 - 44　曲面按距离镜像方式延伸

5.4.4　修剪与延伸

修剪与延伸是以曲面为边界对另一曲面进行修剪或延伸。

应用案例 5 - 10　曲面修剪与延伸操作

打开支持文件"5 - 11. prt"，如图 5 - 45 所示。

选择【菜单】→【插入】→【修剪】→【修剪和延伸】命令，弹出【修剪和延伸】对话框，如图 5 - 46 所示。单击激活"目标"栏，单击选择边 2，单击激活"工具"栏，单击选择面 1，最后单击"确定"按钮，使面 2以面 1 为边界修剪，修剪的是边 2 部分，如图5 - 47 所示。

假如面 2 要延伸到面 3，则在"目标"栏中单击选择边 2，然后在"工具"栏中单击选择面 3，如图 5 - 48 所示。在"设置"栏中也

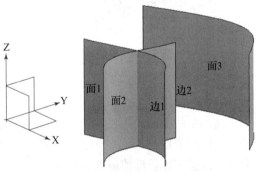

图 5 - 45　空间曲面

可以选择曲面延伸的方式"自然曲率""自然相切"或"镜像"，在操作中，读者可以动态地观察其变化。

假如要对相交的面 1、面 2 去掉一个角，保留一个角，则在【修剪和延伸】对话框的"修剪和延伸类型"下拉列表中选择"制作拐角"选项，在"目标"栏中单击选择边 1，在"工具"栏中单击选择边 2，结果如图 5 - 49 所示。

制作拐角操作也可在"目标"栏和"工具"栏中都选择面，然后根据需要单击"反向"按钮 ，调整得到需要的拐角。

图 5-46 【修剪和延伸】对话框

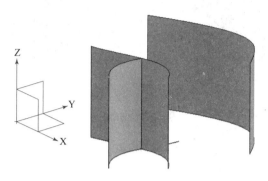

图 5-47 曲面修剪

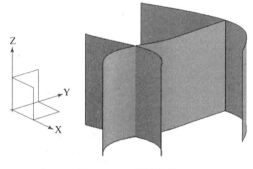

图 5-48 曲面延伸

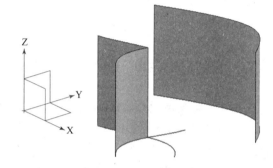

图 5-49 制作曲面拐角

5.4.5 延伸

延伸是将曲面的边按一定方式延伸一定的距离。其功能与操作类似于 5.4.3 节中的延伸片体命令，延伸的距离可以按实际长度值或者原曲面在该方向长度的百分比确定。延伸的方式有相切和圆弧两种，相切为 G1 连续方式，圆弧为 G2 连续方式。

选择【菜单】→【插入】→【弯边曲面】→【延伸】命令，弹出【延伸曲面】对话框，如图 5-50 所示。请读者参照案例 5-9 的文件 "5-10.prt" 对该命令自行操作练习。在【延伸曲面】对话框的 "类型" 下拉列表中选择 "拐角" 类型，是指在曲面的 4 个角点处按曲面纵向和横向长度的百分比构建一个小的曲面。

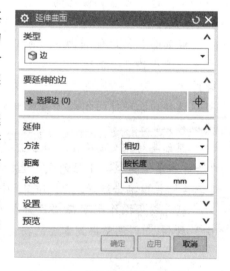

图 5-50 【延伸曲面】对话框

5.4.6 规律延伸

规律延伸是将曲面的边按一定规律延伸一定的距离和角度，规律通常有"恒定""线性"和"根据方程"3 种方式。

（1）恒定：是指延伸的边从开始到结束每个位置均按设定的长度和角度延伸；

（2）线性：是指延伸的边从开始到结束其延伸的长度和角度是线性均匀变化的；

（3）根据方程：是指延伸的边从开始到结束其延伸的长度和角度是按设定的方程变化的。

 应用案例5-11 曲面规律延伸操作

通过空间曲线命令任意绘制一条 Z 轴方向的直线，高度为 100 mm，然后沿 Y 轴方向拉伸成一个平面，如图 5-51 所示，下面对该平面的立边进行规律延伸操作。

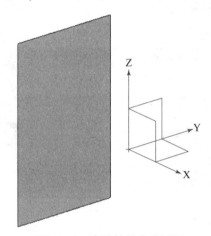

图 5-51 直线拉伸生成平面

选择【菜单】→【插入】→【弯边曲面】→【规律延伸】命令，弹出【规律延伸】对话框，如图 5-52 所示。单击选择平面的左侧立边作为要进行延伸的边，单击激活"面"栏，单击选择该平面，然后在"长度规律"的"规律类型"下拉列表中选择"恒定"选项，在"值"框中输入"20"，在"角度规律"栏的"规律类型"下拉列表中选择"恒定"选项，在"值"框中输入"90"，即该边相对于该平面任何位置均按90°延伸20 mm长，单击"确定"按钮，结果如图 5-53（a）所示。

对于上述操作，如果在"长度规律"栏中选择"线性"选项，起点输入"0"，终点输入"20"，角度规律仍然是恒定90°，延伸结果如图 5-53（b）所示，即该边自上而下延伸的距离从 0 到 20 mm 线性变化，但每个位置均延伸90°。如果延伸的长度是从下方开始从 0 到上方 20 mm 线性变化时，则需要单击激活"曲线"栏，单击"反向"按钮 ⊠，这是在最初单击选择该边线时按单击的位置不同默认识别的起点不同，可以根据制图需要进行反向调整。

对于上述操作，如果在"角度规律"栏中选择"线性"选项，起点输入"0"，终点输入"90"，长度规律仍然是恒定20 mm，延伸结果如图 5-53（c）所示，即该边自上而下每个位置均是延伸20 mm，但角度是自上而下从0°到90°线性变化。如果延伸面在内侧，则需要单击激活"面"栏，单击"反向"按钮 ⊠ 进行调整。

假如加大角度的线性变化幅度，在"角度规律"栏中选择"线性"选项，起点输入"0"，终点输入"1800"，长度规律仍然是恒定20 mm，延伸结果如图5-53（d）所示，生成螺旋面，半径是20 mm，周期数是角度变化的360的倍数，即5周期，由于延伸边的高度是100 mm，因此螺旋面的螺距为20 mm。

对于上述操作，如果在"长度规律"栏中选择"线性"选项，起点输入"0"，终点输入"20"；在"角度规律"栏中起点输入"0"，终点输入"90"，延伸结果如图5-53（e）所示，即该边自上而下延伸的距离从0到20 mm线性变化，延伸的角度从0到90°线性变化。

图5-52 【规律延伸】对话框

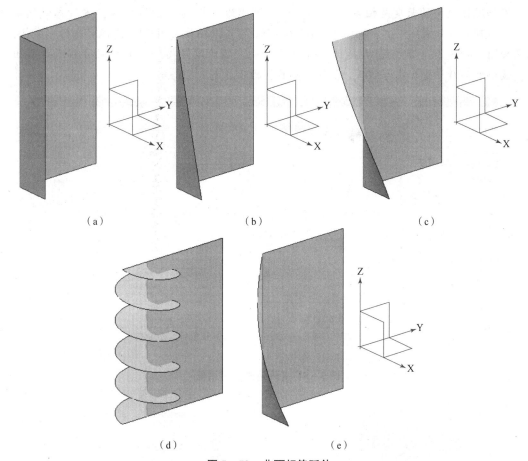

（a）　　　　　　（b）　　　　　　（c）

（d）　　　　　　（e）

图 5 - 53　曲面规律延伸

对于上述操作，如果在"长度规律"栏中选择"根据方程"选项，角度规律仍然是恒定 90°，需要首先设定方程。设长度规律按正弦规律变化，变化范围为一个周期，方程式为 $L = 20\sin\alpha$ （$\alpha = 0 \sim 360°$）。

根据该方程在 UG NX 中设置表达式，选择【菜单】→【工具】→【表达式】命令，弹出【表达式】对话框，如图 5 - 54 所示。

首先设置系统变量 t，单击最上方第一行"名称"栏，输入"t"；单击第一行"公式"栏，输入"1"。这一步是设置了系统变量 t 在 0 ~ 1 范围内变化。然后设置方程的表达式，该表达式是以刚设定的系统变量 t 为变量描述长度规律正弦方程式的。单击【表达式】对话框左侧栏中的"新建表达式"按钮，这时在右侧出现空白的第二行。单击第二行"名称"栏，输入"ft"；单击第二行"公式"栏，输入"20 * sin（360 * t）"。这一步是设定 ft 为 t 的函数，即 20 * sin（360 * t）。UG NX 表达式中以" * "表示乘号，这里把原来方程式中的角度 α 写成了 360 * t，恰好通过系统变量 t 表达了 α 在 0 ~ 360° 范围内变化的要求。这里要注意系统变量的名称 t 和方程式的名称 ft 要与【规律延伸】命令中根据方程的参数 t 和函数 ft 名称一致，否则无法识别。方程的 UG NX 表达式设置好后单击"确定"按钮，执行操作并退出命令。再重新执行【规律延伸】命令，结果如图 5 - 55（a）所示，即延伸边自上而下延伸的长度是按给定的正弦方程式计算出来的，每个位置延伸的角度都是 90°。

假如规律延伸的长度是恒定 20 mm，角度规律为"根据方程"方式，方程式仍然是上述一个周期正弦规律——$A = 90\sin\alpha$（$\alpha = 0 \sim 360°$），振幅放大为 90。请读者自行完成操作，结果如图 5-55（b）所示，即延伸边自上而下延伸的角度是按给定的正弦方程式计算出来的，最小处为 0，最大处为 90°，每个位置延伸的长度都是 20 mm。

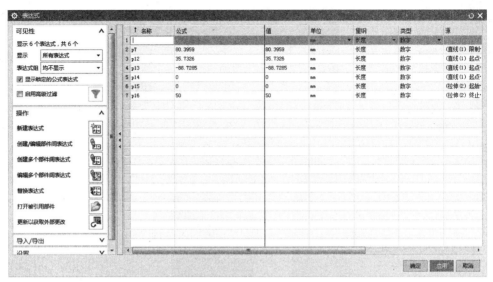

图 5-54 【表达式】对话框

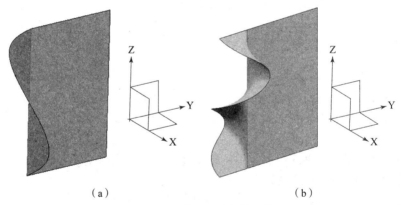

（a）　　　　　　　　　　　　　　　　（b）

图 5-55 曲面正弦规律延伸

5.4.7 桥接曲面

桥接曲面是指将两个曲面的边按照一定的方式连接，连接方式有 G0（位置）、G1（相切）和 G2（曲率）3 种。

 应用案例 5-12 桥接曲面操作

通过空间曲线命令，在基准坐标系的 X-Y 平面内随意绘制两条曲线，沿 Z 轴方向拉伸成曲面，如图 5-56 所示，对两曲面进行桥接操作。

选择【菜单】→【插入】→【细节特征】→【桥接】命令，弹出【桥接曲面】对话框，如图 5−57 所示。在"选择边 1"栏，单击选择平面的左侧立边，在"选择边 2"栏，单击选择圆弧面右侧立边，桥接该两条边，在"连续性"栏选择不同的方式生成的桥接曲面的结果不同，如图 5−58 所示分别为两边的连续性为 G0、G1、G2 方式时的桥接曲面。G1 方式与 G2 方式的桥接曲面结果不是很明显，读者可以在操作过程中动态地观察其中的变化。

在操作过程中可能会出现桥接边首尾对应错位的情况，此时单击其中一条边的"反向"按钮 ✕ 即可调整。【桥接曲面】对话框的其余设置通常按默认值即可，读者可以自行调整"相切幅值"滑块和"边限制"滑块，动态地观察、理解其对桥接曲面的影响。

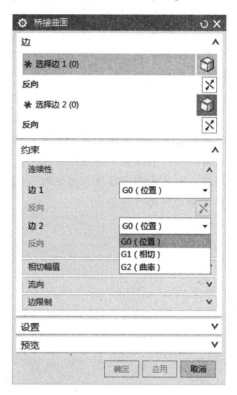

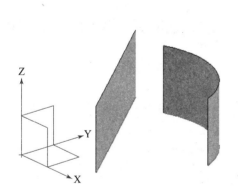

图 5−56　两空间曲面　　　　　　　　　　图 5−57　【桥接曲面】对话框

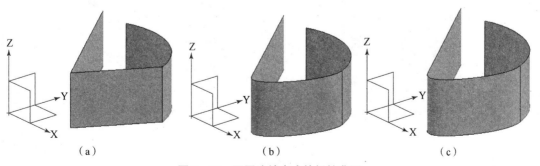

（a）　　　　　　　　　　（b）　　　　　　　　　　（c）

图 5−58　不同连续方式的桥接曲面

5.4.8 面倒圆

面倒圆是按圆角半径生成相交曲面的圆角曲面。

应用案例 5 – 13　面倒圆操作

通过空间曲线命令在基准坐标系的 X – Y 平面内任意绘制一条 100 mm 长的 Y 轴方向的直线，然后将该直线分别沿 Z 轴方向和 X 轴方向拉伸一定距离生成两个相交面，如图 5 – 59 所示。

选择【菜单】→【插入】→【细节特征】→【面倒圆】命令，弹出【面倒圆】对话框，如图 5 – 60 所示。单击激活"选择面 1"栏，单击选择竖直面，单击激活"选择面 2"栏，单击选择水平面，在"半径"框中输入"10"，其余设置默认，单击"确定"按钮，完成圆角曲面的绘制，如图 5 – 61 所示。

注意：在起始两步的操作中，选择两个曲面时，需要法线指向圆角曲面的方向，假如法线方向识别有误，无法构建圆角曲面，此时需要单击"反向"按钮 ![X] 进行调整。

圆角曲面的半径值通常可设定为"恒定""线性"和"根据方程"3 种方式。图 5 – 62 所示为圆角曲面半径值设为线性变化时，起始圆角半径为 5 mm，结束圆角半径为 10 mm 的圆角曲面。圆角曲面半径值根据方程控制的方式使用较少，读者可参考 5.4.6 节中的【规律延伸】命令自行操作练习。

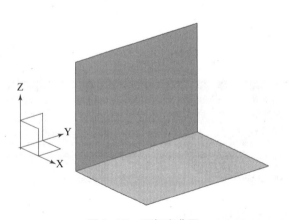

图 5 – 59　两相交曲面

图 5 – 60　【面倒圆】对话框

【面倒圆】对话框中"类型"下拉列表的"三面"是针对相连的三曲面生成圆角曲面的情况。例如，将图5-59中立面顶边沿 X 轴方向拉伸一定距离，这样生成三相连曲面，如图5-63所示。然后按"三面"类型依次单击选择顶面、底面和中间曲面，生成的圆角曲面如图5-64所示。该曲面圆角半径不需要给定，而是自动识别，因为生成曲面要同时与三曲面相切，其半径值是唯一的。在该操作中应注意中间曲面不要选错。

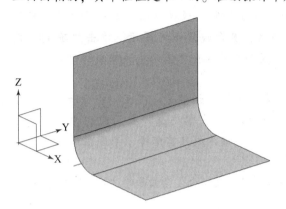

图5-61 半径恒定的面倒圆

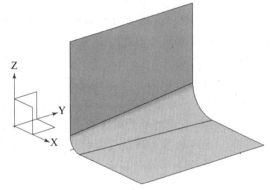

图5-62 半径线性变化的面倒圆

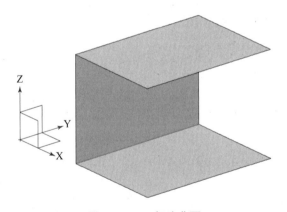

图5-63 三相连曲面

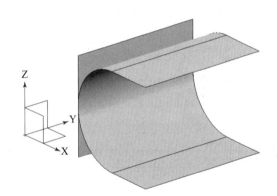

图5-64 三面倒圆

5.4.9 样式圆角

样式圆角是按圆角半径或者圆角边缘线生成相交曲面的圆角曲面。

选择【菜单】→【插入】→【细节特征】→【样式倒圆】命令，弹出【样式圆角】对话框，如图5-65所示。在"类型"下拉列表中有3种生成圆角曲面的方式：规律、曲线和轮廓。

（1）规律：是指按圆角半径生成圆角曲面，圆角半径可以是恒定的，可以线性变化，可以根据方程控制，该方式与面倒圆操作相同；

（2）曲线：是指按两条圆角边缘线生成圆角曲面，可以生成异形的、两边不一样的圆角曲面；

（3）轮廓：是指按一条圆角边缘线生成圆角曲面，生成的圆角曲面两边是对称的。

应用案例5-14　样式倒圆操作

打开支持文件"5-12. prt"，如图5-66所示。

打开图5-65所示的【样式圆角】对话框，在"类型"下拉列表中选择"曲线"选项，对话框变成图5-67所示样式，然后单击激活"面链"栏，选择立面、水平面，单击激活"相切曲线"栏，选择立面内曲线、水平面内曲线，其余设置参照图示，单击"确定"按钮，完成圆角曲面的创建，如图5-68所示，圆角曲面是完全根据两条边缘线构建的，建模灵活，控制自由。

假如使用"轮廓"方式构建圆角曲面，【样式圆角】对话框变成图5-69所示样式，在"面链"栏中，单击选择立面和水平面，激活"轮廓"栏，单击选择立面内的曲线，单击"确定"按钮生成对称的圆角曲面，如图5-70所示。该方式只需选择一条圆角边缘线为轮廓曲线，生成的圆角曲面两边对称。

【样式倒圆】命令使圆角曲面的创建更加自由、灵活，更适合复杂曲面的过渡、连接与拟合。

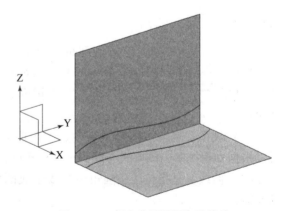

图5-65　【样式圆角】对话框（规律方式）　　　图5-66　相交曲面及圆角边缘线

图 5-67　【样式圆角】对话框（曲线方式）

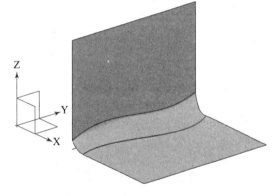

图 5-68　通过圆角边缘线生成圆角曲面

5.4.10　偏置曲面

偏置曲面是沿曲面法线方向对曲面进行偏移复制。

选择【菜单】→【插入】→【偏置/缩放】→【偏置曲面】命令，弹出【偏置曲面】对话框，如图 5-71 所示。选择曲面，输入偏置距离，单击"确定"按钮，即可完成曲面的偏置。通过"反向"按钮 ⊠ 可以调整曲面偏置的正、负法线方向。

图 5-69 【样式圆角】对话框（轮廓方式）

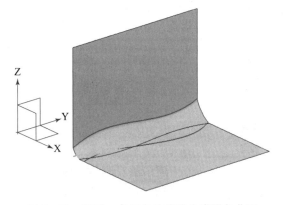

图 5-70 通过一条圆角边缘线生成圆角曲面

5.4.11 偏置面

偏置面是使曲面沿法线方向偏移一定距离。

选择【菜单】→【插入】→【偏置/缩放】→【偏置面】命令，弹出【偏置面】对话框，如图5-72所示，其操作与偏置曲面相同。

图5-71　【偏置曲面】对话框　　　　　图5-72　【偏置面】对话框

5.4.12　曲面与实体关联操作

曲面通过相关操作可以变成实体，实体通过相关操作可以获取曲面。

1. 加厚

曲面通过加厚操作可变成实体。

选择【菜单】→【插入】→【偏置/缩放】→【加厚】命令，弹出【加厚】对话框，如图5-73所示。在偏置操作中注意，"偏置1"是指曲面加厚的厚度值，"偏置2"是指曲面偏移原来位置一定的距离后进行加厚，曲面加厚的方向通过"反向"按钮$\boxed{\times}$调整控制。

图5-73　【加厚】对话框

2. 缝合

缝合是将相连的多个片体合成为一个片体，封闭的片体缝合后转变成实体。

选择【菜单】→【插入】→【组合】→【缝合】命令，弹出【缝合】对话框，如图5-74所示。由于是缝合操作，目标体和工具体的选择对计算结果无影响，对连接在一起的多个片体，可以选择其中一个片体作为目标体，其余片体作为工具体。

图5-74 【缝合】对话框

3. 取消缝合

取消缝合是对缝合的逆操作，是将片体从缝合后的片体中分解出来。

选择【菜单】→【插入】→【组合】→【取消缝合】命令，弹出【取消缝合】对话框，如图5-75所示。对选择需要分解出来的片体，可以按面选择，也可以按边选择，按边选择时，需要选择其全部轮廓边。

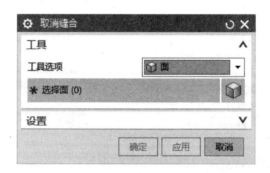

图5-75 【取消缝合】对话框

4. 抽取几何体

抽取几何体是将实体的表面分离出来，可以按单个面、面链或实体的全部外表面进行分离。

选择【菜单】→【插入】→【关联复制】→【抽取几何特征】命令，弹出【抽取几何特征】对话框，如图5-76所示。选择面时，可以按"单个面"方式，逐个选择面；可以按"面与相邻面"方式，选择一个面，同时与之相邻接的面全部选中；可以按"体的面"方式，选择实体，则其外表面全部选中；也可以按"面链"方式，选择的多个相连的曲面作为一个片体被分离出实体。

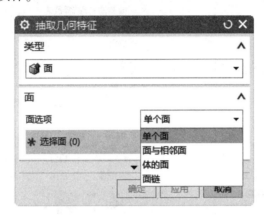

图5-76　【抽取几何特征】对话框

5.4.13　曲面与实体通用操作

第3章"实体建模"中所介绍的【移动对象】【镜像特征】【镜像几何体】【阵列特征】【阵列几何特征】【缩放体】命令同样可以对曲面（实质是片体）操作，完成片体的移动、镜像复制、阵列复制、缩放等操作。

5.5　曲面编辑

曲面绘制完成后，可以对其参数进行编辑。

选择【菜单】→【编辑】→【曲面】命令，弹出曲面编辑子菜单，如图5-77所示，其中全部是对曲面进行编辑的命令。编辑曲面时可以对曲面进行整体的平移、旋转、缩放、扭曲、歪斜、更改阶次等操作，也可以局部地对曲面进行按行修整、按列修整，甚至按点修整。编辑曲面使曲面在创建之后的修改完善更加自由、灵活、高效、万能。读者可以在对持续地学习使用过程中慢慢领略曲面建模的强大功能。

比如，X型编辑是对曲面进行的任意编辑。首先任意绘制一直线并将其拉伸成平面，然后打开【X型】对话框，如图5-78所示。单击选择该平面，在"次数"栏中设置行阶次和列阶次，然后单击平面上的控制点，按"方法"栏中选择的旋转或移动等方式进行编辑操作，图5-79所示为该平面X型编辑激活状态。

图 5 – 77　曲面编辑子菜单

图 5 – 78　【X 型】对话框

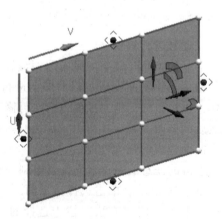

图 5 – 79　平面 X 型编辑激活状态

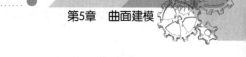

5.6　综合实例

设计要求

广口杯建模。

设计思路

广口杯杯身外表面通过曲线网格方法绘制，杯底通过有界平面封底，各部曲面制作完成后缝合成一个整体，然后将曲面加厚使其转变成实体。杯把通过扫掠方法制作，最后杯身和杯把求和完成广口杯的建模。

设计步骤

（1）打开支持文件"5-13.prt"，如图5-80所示，这是事先通过草图曲线和空间曲线的方法绘制的用于曲面和实体建模的曲线。

（2）选择【菜单】→【插入】→【网格曲面】→【通过曲线网格】命令，弹出图5-23所示的【通过曲线网格】对话框。首先在菜单栏一行的工具栏中，选择"曲线规则"栏中的"单条曲线"选项，单击激活"在相交处停止"按钮Ħ，如图5-81所示。然后在【通过曲线网格】对话框的"主曲线"栏中连续单击曲线1，2，指定连在一起的曲线1和曲线2作为第一条主曲线；单击"添加新集"按钮，单击曲线3，作为第二条主曲线；再单击"添加新集"按钮，单击曲线4，作为第三条主曲线；再单击"添加新集"按钮，单击曲线5，作为第四条主曲线。主曲线选择完成后，将菜单栏的"在相交处停止"按钮Ħ单击关闭，然后单击激活"交叉曲线"栏，单击曲线6，作为第一条交叉曲线；单击"添加新集"按钮，单击曲线7，作为第二条交叉曲线，此时可动态地观察到绘制的一半杯身曲面，如图5-82所示，最后单击"确定"按钮，完成操作退出命令。

（3）杯身曲面的另一半可用上述同样的方法绘制，也可通过曲面操作方法完成。选择【菜单】→【插入】→【关联复制】→【镜像特征】命令，弹出图3-35所示的【镜像特征】对话框。单击激活"选择特征"栏，单击选择一半杯身曲面；单击激活"选择平面"栏，单击选择基准坐标系的Y-Z平面作为镜像复制平面，单击"确定"按钮，完成操作退出命令，另一半杯身曲面镜像复制完成，如图5-83所示。

（4）选择【菜单】→【插入】→【曲面】→【有界平面】命令，弹出图5-29所示的【有界平面】对话框，单击选择杯底曲线5，即完成杯底封面处理，如图5-84所示。

（5）选择【菜单】→【插入】→【组合】→【缝合】命令，弹出图5-74所示【缝合】对话框，单击一半杯身曲面或杯底作为工具体，然后单击选择另两个曲面作为目标体，单击"确定"按钮完成曲面的缝合。

（6）选择【菜单】→【插入】→【偏置/缩放】→【加厚】命令，弹出图5-73所示的【加厚】对话框，单击选择缝合的曲面，在"偏置1"框中输入"2"，指定杯身所有曲面加厚至2 mm。单击"确定"按钮完成曲面加厚，如图5-85所示。这时会发现杯子内表面发花，这是因为曲面是从里向外加厚的，所以杯子内侧是曲面和加厚生成的实体重合的位置。在操作中，在【加厚】对话框中单击"反向"按钮，可以使曲面由外侧向里侧加厚，这时表现为杯子外表面发花。

（7）选择【菜单】→【插入】→【扫掠】→【扫掠】命令，弹出图3-126所示的【扫掠】对话框，在"截面"栏单击选择椭圆曲线8，再单击激活"引导线"栏，单击选择曲线9，此时可动态地观察到杯把的形态，最后单击"确定"按钮，完成杯把的绘制，如图5-86所示。

（8）选择【菜单】→【插入】→【修剪】→【修剪和延伸】命令，弹出图5-46所示的【修剪和延伸】对话框，在"修剪与延伸类型"下拉列表中选择"直至选定"选项，单击激活"目标"栏，选择杯把的端面，单击激活"工具"栏，单击选择杯子内表面，最后单击"确定"按钮，完成杯把多余部分的修剪。

（9）选择【菜单】→【插入】→【组合】→【合并】命令，弹出图3-23所示的【合并】对话框，单击选择杯身作为目标体，单击选择杯把作为工具体，单击"确定"按钮，将杯身和杯把由两个实体合并成一个实体。

（10）选择【菜单】→【编辑】→【显示与隐藏】→【显示与隐藏】命令，弹出【显示与隐藏】对话框，单击"基准""曲线""草图""片体"后面的减号，使这些类型的对象全部隐藏起来，只显示实体模型，如图5-87所示。此时广口杯以"带边着色"样式显示，可以将鼠标放置于视窗空白处，单击鼠标右键选择"渲染样式"→"着色"显示，如图5-88所示，广口杯的边线和中心的相交线也隐藏起来。

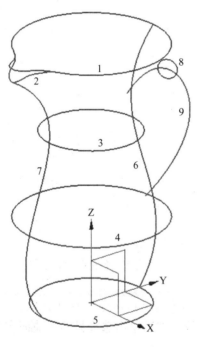

图5-80　广口杯网格曲线

广口杯建模

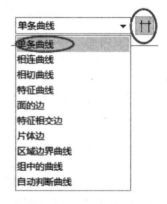

图5-81　曲线规则选项

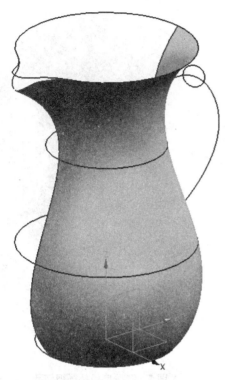

图 5 – 82　一半杯身曲面的绘制

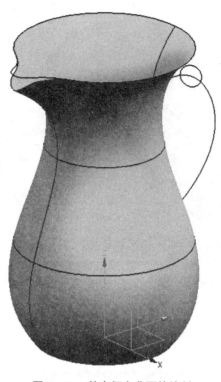

图 5 – 83　整个杯身曲面的绘制

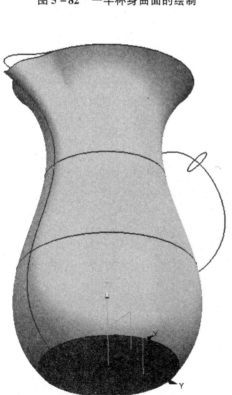

图 5 – 84　杯身底部封面

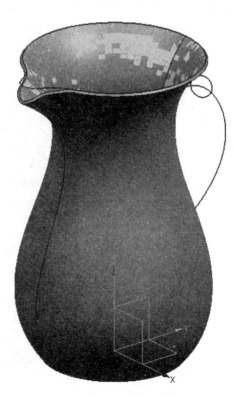

图 5 – 85　杯身曲面加厚

图 5 – 86　广口杯杯把的绘制

图 5 – 87　广口杯杯把端部修剪

图 5 – 88　广口杯

本章小结

本章主要介绍了曲面的绘制方法和曲面的相关操作。如何绘制曲面是本章的重点内容，通过点、通过点与曲线、通过曲线与曲线以及扫描曲面绘制曲面的方法要熟练掌握，灵活运用。曲面建模最终要生成实体，因此，曲面与实体的关联操作也要牢固掌握。整个曲面建模是 UG NX 工程设计的难点，曲面建模的不确定因素较多，特别是通过样条曲线生成的曲面随意性大，不容易掌控，在编辑修改过程中，自由度极大，接近手工做画，这一方面满足了工业设计的要求，另一方面增加了模型创建的不确定性和特异性，需要读者在长期的曲面建模实践中积累经验，掌握技巧。

 思考与练习

1. 思考题

（1）由曲线创建曲面的方法有哪些？

（2）简述曲面的规律延伸。

（3）桥接曲面的连续方式有哪几种？

（4）有界平面生成的必要条件是什么？

（5）简述扫描曲面的方式。

（6）曲面与实体的关联操作有哪些？

2. 操作题

（1）绘制图 5 – 89 所示五角星的 10 个棱面，支持文件为 "5 – 14. prt"。

图 5 – 89 五角星

（2）绘制图5-90所示的面包车顶棚模型，支持文件为"5-15.prt"。

图5-90　面包车顶棚模型

第6章
装配设计

机械零件设计好后，按照一定的关联条件组装到一起，形成一个有机的整体，实现一定的功能，这就是装配设计。装配设计包括组件的装配方法、组件的装配约束、爆炸装配图以及拆装动画等内容。

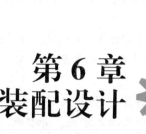

学习目标 ▶▶ ▶

※　装配方法
※　装配约束
※　组件编辑与操作
※　爆炸装配图
※　拆装动画

装配是将机械零件按照功能要求组装在一起形成有机整体。在 UG NX 装配设计中机械零件通常叫作装配组件，简称组件。装配组件可以是单独的机械零件，也可以是几个机械零件预先装配起来的小型装配体。这种小型装配体称作子装配，可用作进一步的装配或者更高一级的装配。装配设计是指建立的组件相互之间的指针连接，组件仅是被装配体引用而不是实际复制在装配体中。装配组件和装配体的编辑双向互动，一方参数改变，另一方参数也随之变化。

6.1　装配方法

UG NX 采用 3 种方法组装机械零件。

6.1.1　自底向上装配

自底向上装配是将各个零件单独设计保存成文件，然后逐个调用组装的方法。

应用案例6-1　以自底向上的方法装配组件

单独设计4个零件——大方板、小方板、螺栓和螺母，通过自底向上的方法将它们装配到一起，如图6-1所示。

（1）在建模状态下新建一模型文件，命名为"AL6-1. prt"，在该文件中装配大方板、小方板、螺栓和螺母4个组件。这里需要注意，装配文件要和装配组件存放于同一个文件夹中，因此新建的"AL6-1. prt"文件要存放于文件夹"6-1"中，新建文件操作参见1.3.1节。

图6-1　方板紧固件装配

（2）装配大方板组件。选择【菜单】→【装配】→【组件】→【添加组件】命令，弹出【添加组件】对话框，如图6-2所示，单击"打开文件"按钮 ，找到"6-1"文件夹中的大方板支持文件"dafangban. prt"，单击"应用"按钮，弹出图6-3所示的【创建固定约束】对话框，单击"是（Y）"按钮，完成大方板组件的装配，如图6-4所示。大方板是第一个组件，为了防止其在装配过程中发生移动，通常对其设置固定约束。

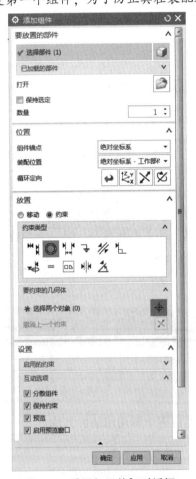

图6-2　【添加组件】对话框

自底向上装配

图6-3　【创建固定约束】对话框

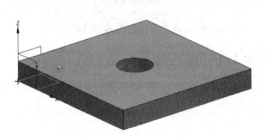

图6-4　大方板组件的装配

（3）装配小方板组件。在【添加组件】对话框中继续单击"打开文件"按钮 ，找到"6-1"文件夹中的小方板支持文件"xiaofangban.prt"，在"约束类型"栏中选择同心约束 ◎，依次选择小方板圆孔的底圆和大方板圆孔的顶圆，约束两圆圆心重合。再单击选择平行约束 ∥，依次选择小方板左侧面和大方板左侧面，约束两侧面平行。单击"应用"按钮，如图6-5所示。

（4）装配螺栓组件。在【添加组件】对话框中继续单击"打开文件"按钮 📄，找到"6-1"文件夹中的螺栓支持文件"luoshuan.prt"，在"约束类型"栏中选择同心约束 ◎，依次选择螺栓头的底圆和小方板圆孔的顶圆，约束两圆圆心重合。单击"应用"按钮，如图6-6所示。

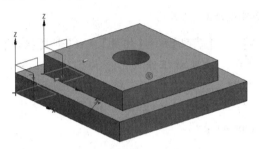

图6-5　小方板组件的装配

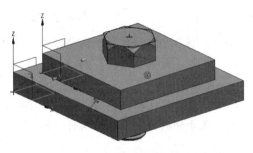

图6-6　螺栓组件的装配

（5）装配螺母组件。在【添加组件】对话框中继续单击"打开文件"按钮 📄，找到"6-1"文件夹中的螺母支持文件"luomu.prt"，在"约束类型"栏中选择同心约束 ◎，依次选择螺母顶圆和大方板圆孔的底圆，约束两圆圆心重合。单击"确定"按钮，完成螺母组件的装配并退出对话框，如图6-7所示。

（6）隐藏辅助特征。选择【菜单】→【编辑】→【显示和隐藏】→【显示和隐藏】命令，弹出图1-20所示【显示和隐藏】对话框，单击"基准"和"装配约束"后面的减号 ━，将基准坐标系和约束符号隐藏，只显示装配组件，如图6-1所示。

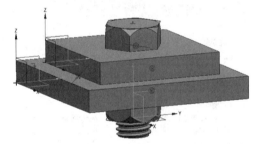

图6-7　螺母组件的装配

6.1.2　自顶向下装配

自顶向下装配是将所有零件集中设计于一个文件中，然后将它们转变成组件，统一调整组装的方法。

应用案例6-2　以自顶向下的方法装配组件

（1）打开文件夹"6-2"中的模型文件"AL6-2.prt"，如图6-8所示，在一个建模文件中一起设计好3个零件——螺纹轴、方板和螺母，通过自顶向下的方法把方板通过螺母与螺纹轴紧固在一起。

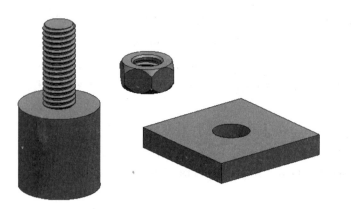

自顶向下装配

图6-8 在一个建模文件中设计3个零件

（2）将3个零件转变成装配组件。选择【菜单】→【装配】→【组件】→【新建组件】命令，弹出【新组件文件】对话框，如图6-9所示，设置新组件的名字为"luowenzhou.prt"，存放在"6-2"文件夹中，单击"确定"按钮，弹出图6-10所示的【新建组件】对话框，选择螺纹轴，单击"确定"按钮，完成螺纹轴装配组件的定义。以同样的操作将方板和螺母分别转变成装配组件"fangban.prt""luomao.prt"。

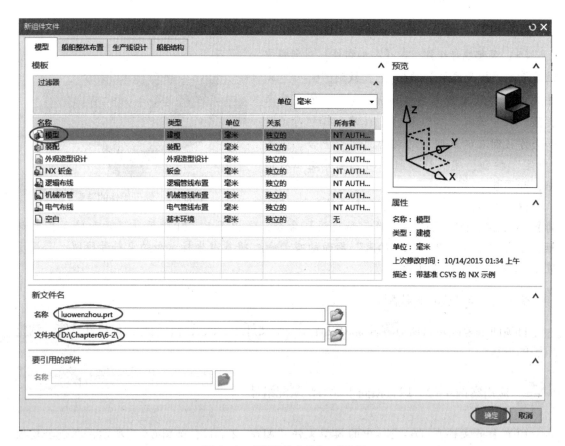

图6-9 【新组件文件】对话框

（3）以螺纹轴为基础组件，对其设置固定约束。选择【菜单】→【装配】→【组件位置】→【装配约束】命令，弹出【装配约束】对话框，如图 6-11 所示，在"约束类型"栏中选择固定约束 🔒，单击选择螺纹轴组件，对其施加固定约束。注意观察螺纹轴上的固定约束符号标记。此时【装配约束】对话框仍然保留，等待继续操作。

图 6-10　【新建组件】对话框

图 6-11　【装配约束】对话框

（4）将方板装配到螺纹轴上。在【装配约束】对话框中，选择"约束类型"栏中的同心约束 ◎，单击选择方板圆孔的底圆和螺纹轴的螺纹根部大圆，这样通过同心约束将方板装配到螺纹轴上，如图 6-12 所示。在操作过程中假如出现实体干涉，方板落在螺纹轴实体内部，单击【装配约束】对话框中的"反向"按钮 ⤡。

（5）将螺母装配到螺纹轴上固定方板。在【装配约束】对话框中，选择"约束类型"栏中的同心约束 ◎，单击选择螺母端部大圆和方板圆孔的顶圆，这样通过同心约束将螺母装配到螺纹轴上固定方板，如图 6-13 所示。在操作过程中假如出现实体干涉，方板和螺母相交，单击【装配约束】对话框中的"反向"按钮 ⤡。

图 6-12　将螺纹轴和方板转变成组件并装配

（6）隐藏辅助特征。选择【菜单】→【编辑】→【显示和隐藏】→【显示和隐藏】命令，弹出图 1-20 所示的【显示和隐藏】对话框，单击"草图""基准"和"装配约束"后面的减号 ➖，将基准、草图曲线和装配约束符号隐藏，只显示装配组件，如图 6-14 所示。

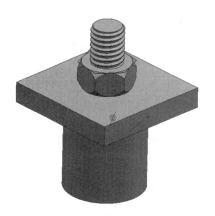

图6-13 将螺母转变成组件并装配

图6-14 螺纹轴紧固件的装配

6.1.3 混合装配

在装配过程中部分机械零件采用自底向上的方法装配，部分机械零件采用自顶向下的方法装配。

自底向上的方法是模拟现场的工况，设备零件逐一加工完成，放置于零件库中，装配时逐个取出加以安装，装配过程清晰明了，有条不紊。因此，机械零件的装配尽量采用自底向上的方法，自顶向下的方法可以作为辅助。比如在现场装配过程中，由于设计的原因或者加工的原因，某个小零件没有加工，不在零件库中，需要现场紧急加工制作，不再运放到零件库中，而是直接在现场安装到设备上。在应用案例6-1中，在螺母与方板之间应该放置垫片以防止松动，但由于疏忽没有设计加工，零件库中没有该零件，那么在装配文件中临时设计垫片零件，然后将其转变成装配组件，直接安装到方板与螺母之间。这样这个装配体即采用了混合装配的方法完成安装，主体工作是采用自底向上的方法装配，由于意外情况、突发情况小部分零件采用自顶向下的方法装配。

装配具有双向互动性，零件库中的零件单独编辑修改，那么装配体中该组件也随之完成修改。在装配导航器中双击某个组件可以对其进行编辑修改，那么其零件库中的零件也随之自动修改。

6.2 装配约束

装配约束是设定装配组件相互之间的位置关系。

选择【菜单】→【装配】→【组件位置】→【装配约束】命令，弹出【装配约束】对话框，如图6-11所示。"约束类型"栏中共有11种约束方法，选择其中的一种，然后选择组件相应的点、线、面作为约束对象，单击"确定"按钮完成装配组件相互之间位置关系的约束。

装配过程中有参考组件和移动组件，先选择的对象组件作为移动组件，后选择的对象组件作为参考组件。参考组件位置固定不变，移动组件是按最短的距离或最简便的方式移动到满足约束条件的位置上。通常将装配体中基础类、底座类、中心类、大型类的零件作为参考组件，其余零件作为移动组件。装配约束时为防止参考组件误动，比如选择约束对象时顺序选错，需要预先对参考组件施加固定约束。

随意绘制长方体、圆柱体与圆锥体，如图 6-15 所示，将其转变成组件，对其施加装配约束。

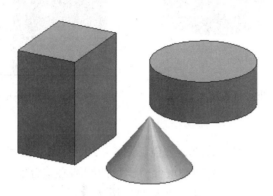

图 6-15　组件未施加装配约束

1. 接触、对齐约束

1）接触约束

接触约束是约束两组件相应的面共面且法线方向相反。选择圆锥体底面和圆柱体顶面执行接触约束，先选择圆锥体底面，后选择圆柱体顶面，圆锥体为移动组件，圆柱体为参考组件，圆锥体垂直移动到使底面与圆柱体顶面共面的位置，此时，两平面共面法线方向相反，如图 6-16 所示。

2）对齐约束

对齐约束是约束两组件相应的面共面且法线方向相同。选择圆锥体底面和圆柱体顶面执行对齐约束，先选择圆锥体底面，后选择圆柱体顶面，圆锥体旋转 180° 并垂直移动到使底面与圆柱体顶面共面的位置，此时，两平面共面法线方向相同，如图 6-17 所示。

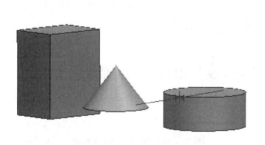

图 6-16　接触约束

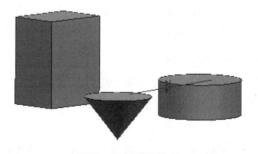

图 6-17　对齐约束

3）自动判断中心/轴约束

自动判断中心/轴约束是约束两组件相应的轴线或者边线共线。图 6-18 所示为选择圆锥体中心轴线和圆柱体中心轴线执行自动判断中心/轴约束。图 6-19 所示为选择圆锥体中心轴线和长方体右侧边线执行自动判断中心/轴约束。

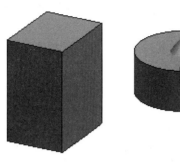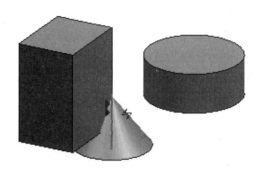

图6-18　中心线共线约束　　　　图6-19　中心线与边线共线约束

2. 同心约束 ◎

同心约束是约束两组件相应的圆心重合。图6-20、图6-21所示为选择圆锥体底圆和圆柱体顶圆执行同心约束，两圆的圆心重合，满足两圆圆心重合的位置要求，可以圆锥体正置，也可以圆锥体倒置，根据需要单击"反向"按钮 ⊠。

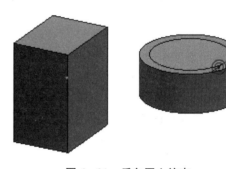

图6-20　正向同心约束　　　　图6-21　反向同心约束

3. 距离约束

距离约束是约束两组件平行的轴线、边线或面成一定距离，假如其轴线、边线或面起先不平行，则约束后变得平行，然后成一定的距离。图6-22所示为选择长方体顶面和圆柱体顶面执行20 mm距离约束，距离正、负值控制组件的正、反向移动。

4. 固定约束

固定约束是约束某一组件位置固定不变。通常对于参考组件，比如基础组件、中心组件等，在装配过程中不希望其移动时，对其设置固定约束。

5. 平行约束

平行约束是约束两组件的轴线、边线或面相互平行。图6-23所示为选择圆柱体中心轴线和长方体顶部左侧边线执行平行约束。图6-24所示为选择圆椎体底面和长方体右侧面执行平行约束。

6. 垂直约束

垂直约束是约束两组件的轴线、边线或面相互垂直。其操作与平行约束相同，这里不做赘述。

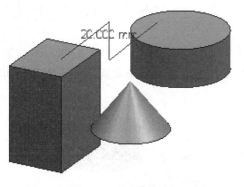

图 6 – 22　距离约束

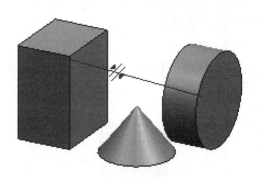

图 6 – 23　中心线与边线平行约束

7. 对齐/锁定约束

对齐/锁定约束是约束两组件的轴线或边线共线且不允许绕共线矢量相对转动。图 6 – 25 所示为选择圆椎体中心轴线和长方体前立边执行对齐/锁定约束，约束之后长方体和圆锥体均不能再绕其共线轴线方向旋转，该约束设置不常用。

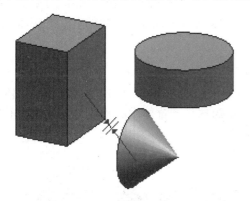

图 6 – 24　面与面平行约束

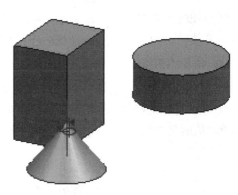

图 6 – 25　对齐/锁定约束

8. 适合约束 =

适合约束是约束具有相同回转半径的两实体的中心轴线共线。选择圆锥体的底圆和圆柱体的顶圆执行适合约束时由于其回转半径不同，位置关系无法执行，约束符号以红色显示。假如将圆锥体的底圆半径和圆柱体的回转半径改得相同，可以执行适合约束。适合约束设置不常用，该约束与自动判断中心/轴约束的区别在于后者不需要两组件是回转实体，如果是回转实体也不要求回转半径相同。

9. 胶合约束

胶合约束是约束两组件的相对位置固定不变。对两组件施加胶合约束后，它们在装配过程中是一起移动的，以确保其相对位置固定不变。

10. 中心约束

中心约束是约束两组件的轴线、边线或面的中心对齐。该中心可以是两条线的中心线，也可以是两个平面的中心平面。

（1）1 对 2 中心约束。选择第一个组件的一条线或一个面与第二个组件的两条线的中心线或两个面的中心面对齐。图6-26所示为选择圆柱体的中心线与长方体的左侧面的两条立边中心线执行中心约束。

（2）2对1中心约束。选择第一个组件的两条线的中心线或两个面的中心面与第二个组件的一条线或一个面对齐。图6-27所示为选择长方体上、下底面中心面与圆锥体的底面执行中心约束。

图6-26　1对2中心约束　　　　　　　　　　图6-27　2对1中心约束

（3）2对2中心约束。选择第一个组件的两条线的中心线或两个面的中心面与第二个组件的两条线的中心线或两个面的中心面对齐。图6-28所示为选择圆柱体的上、下底面中心面与长方体的上、下底面中心面执行中心约束。

11. 角度约束 ⚒

角度约束是约束两组件的轴线、边线或面成一定的角度。图6-29所示为选择圆柱体顶面与长方体顶面成45°角的角度约束。图6-30所示为选择圆锥体中心轴线与圆柱体中心轴线成90°角的角度约束。

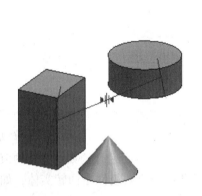

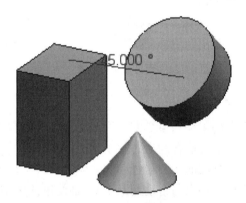

图6-28　2对2中心约束　　　　　　　　　　图6-29　45°角度约束

组件的装配通常是在多个约束的同时作用下完成的，方法也不唯一。比如将图6-15所示的圆锥体放置于长方体的顶面中央位置，先选择圆锥体的底面和长方体的顶面执行接触约束，然后选择圆锥体的中心线和长方体的两对角边执行中心约束，如图6-31所示。

装配约束执行之后，便在装配组件上添加了蓝色约束符号，假如约束符号呈红色，则表示该约束与已经存在的约束有冲突，无法满足条件，比如约束了两个面平行，又要约束其成垂直关系，这显然无法同时满足，需要在资源条的装配导航器中检查并删除不需要的或错误的约束。

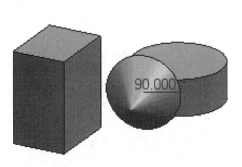

图6－30 90°角度约束

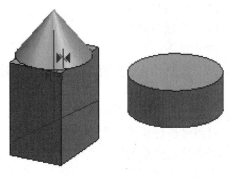

图6－31 接触约束和中心约束

双击装配约束符号或者在装配导航器中双击装配约束可以对其进行编辑修改，比如重新选择约束对象，方向、角度、距离等参数。

不需要的装配约束可以选择其符号单击鼠标右键删除或按 Delete 键删除。

6.3 组件编辑与操作

6.3.1 组件编辑

打开资源条的装配导航器，选择某个组件单击鼠标右键，或者双击进行编辑，也可以不用打开装配导航器而直接双击装配体文件中的某个组件对其进行编辑。编辑组件时该组件高亮显示，其余组件变成灰色，编辑完成后，在装配导航器中双击装配体的顶层文件，退出组件的编辑，重新显示装配体文件。

6.3.2 组件删除

选择【菜单】→【编辑】→【删除】命令，弹出图1－14所示的【类选择】对话框，选择组件，单击"确定"按钮即可删除一个组件。将鼠标放于组件处，单击鼠标右键进行删除；或选择组件，按键盘上的 Delete 键也可以将组件删除。

6.3.3 组件移动/复制

可使组件按一定方式移动或者对其进行多重复制。选择【菜单】→【装配】→【组件位置】→【组件移动】命令，弹出图6－32所示的【移动组件】对话框，在"复制"栏中的"模式"下拉列表中选择"不复制"选项是对组件进行移动；选择"复制"选项是对组件进行多重复制；选择"手动复制"选项是对组件进行手动控制复制。组件移动命令共有10种运动方式可在"变换"栏中选择。

（1）距离；

（2）角度；

（3）点到点；

（4）根据三点旋转；

（5）将轴与矢量对齐；

（6）坐标系到坐标系；

（7）动态；

（8）根据约束（按照装配约束方法对组件进行移动或者多重复制）；

（9）增量XYZ；

（10）投影距离（选择某一矢量方向，按照点与点、线与线、面与面在该矢量方向的距离，对组件进行移动或者多重复制）。

组件移动操作类似于实体建模的移动对象命令，可参考3.7.1节，这里不做赘述。

6.3.4　组件阵列

可按规律对组件进行多重复制。

选择【菜单】→【装配】→【组件】→【阵列组件】命令，弹出图6-33所示的【阵列组件】对话框，在该对话框中可对组件进行线性阵列或圆形阵列复制。

图6-32　【移动组件】对话框

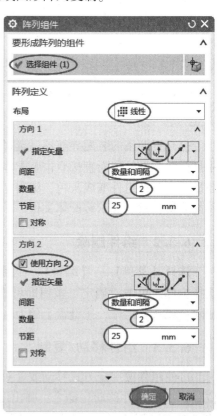

图6-33　【阵列组件】对话框（线性）

 应用案例6-3　组件阵列复制

打开"6-3"文件夹中的"AL6-3.prt"文件，如图6-34所示，法兰盘上装配一螺栓，法兰盘的4个孔是通过圆形阵列特征复制而成的，需要在法兰盘的另外3个孔处阵列复制3个螺栓。

（1）线性阵列复制。

在图6-33所示的【阵列组件】对话框中，在"要形成阵列的组件"栏中选择螺栓，在"布局"下拉列表中选择"线性"选项，在"方向1"栏中单击【矢量】对话框按钮，弹出图1-52所示的【矢量】对话框，在"类型"下拉列表中选择两点方式／两点，依次选择1，2处圆心点，单击"确定"按钮，这样指定了1，2处圆心点的连线方向作为线性阵列复制的第一个方向。勾选"使用方向2"复选框，用同样的方法确定1，3处圆心点的连线方向作为线性阵列复制的第二个方向。其余的"数量""节距"等按图6-33所示设置。最后单击"确定"按钮，完成法兰盘其余3个孔处螺栓的复制，如图6-35所示，图中显示线性阵列的标记。

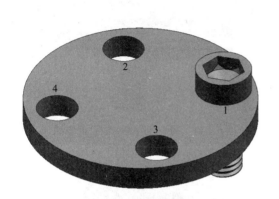

图6-34　阵列复制前的法兰盘螺栓　　　图6-35　线性阵列复制法兰盘螺栓

（2）圆形阵列复制。

在图6-33所示的【阵列组件】对话框中，在"布局"下拉列表中选择"圆形"选项，对话框变成图6-36所示式样。在"要形成阵列的组件"栏中选择螺栓，单击激活"指定矢量"栏，选择法兰盘的圆柱面，确定圆柱面的中心轴作为圆形阵列的旋转矢量，单击激活"指定点"栏，选择法兰盘顶圆圆心，其余的"数量""节距"等按图6-36所示设置。最后单击"确定"按钮，完成法兰盘另外3个孔处的螺栓圆形阵列复制，如图6-37所示，注意其圆形阵列标记与图6-35中线性阵列标记的区别。

（3）参考阵列复制。

在图6-33所示的【阵列组件】对话框，在"布局"下拉列表中选择"参考"选项，对话框变成图6-38所示式样。在"要形成阵列的组件"栏中选择螺栓，单击激活"选择阵列"栏，选择法兰盘的阵列复制生成的孔，这样就指定以法兰盘孔的圆形阵列复制方式阵列复制螺栓组件。单击激活"选择基本实例手柄"栏，选择此时显示在螺栓孔处的一个小圆点作为开始复制的位置，单击"确定"按钮，完成法兰盘另外3个孔处螺栓的参考阵列复制，如图6-39所示，注意观察其阵列标记与图6-35中线性阵列标记的细微差别。

双击阵列标记或者在装配导航器中双击组件阵列步骤可以对阵列方式进行编辑，编辑组件阵列复制的方向、个数、距离、角度等参数。

图 6－36 【阵列组件】对话框（圆形）

图 6－37 圆形阵列复制法兰盘螺栓

图 6－38 【阵列组件】对话框（参考）

图 6－39 参考阵列复制法兰盘螺栓

组件阵列可以编辑，也可以删除。选中阵列标记后可单击鼠标右键进行删除或按 Delete 键进行删除，也可通过在装配导航器选中删除。删除组件阵列时弹出【删除组件阵列】对话框，如图 6－40 所示，单击"是（Y）"按钮是将阵列方式和阵列复制的组件全部删除；单击"否（N）"按钮只是把阵列方式删除，阵列复制的组件仍保留，根据需要进行选择。通常选择单击"否（N）"按钮，即只删除阵列方式，保留阵列复制的组件。

图 6－40 【删除组件阵列】对话框

6.3.5 组件镜像

组件镜像是按镜像平面对称复制组件，镜像平面可以选择基准坐标系的坐标平面。

应用案例6-4　组件镜像复制

打开"6-4"文件夹中的"AL6-4.prt"文件，如图6-41所示，选择【菜单】→【装配】→【组件】→【镜像装配】命令，弹出图6-42（a）所示的【镜像装配向导】欢迎界面，单击"下一步"按钮，弹出图6-42（b）所示的【镜像装配向导】选择组件界面，选择2个螺栓，单击"下一步"按钮，弹出图6-42（c）所示的【镜像装配向导】选择镜像平面界面，选择基准坐标系的X-Z坐标平面，单击"下一步"按钮，弹出图6-42（d）所示的【镜像装配向导】命名组件界面，默认镜像组件名称即可，单击"下一步"按钮，弹出图6-42（e）所示的【镜像装配向导】类型选择界面，无须操作，单击"下一步"按钮，弹出图6-42（f）所示的【镜像装配向导】完成界面，观察镜像的组件方位是否合适，选择需要调整方位的组件，然后单击"循环重定位结算方案"按钮，直到调整到合适的方位，最后单击"完成"按钮，完成组件的镜像对称复制，如图6-43所示。

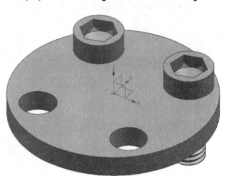

图6-41　镜像复制前的法兰盘螺栓

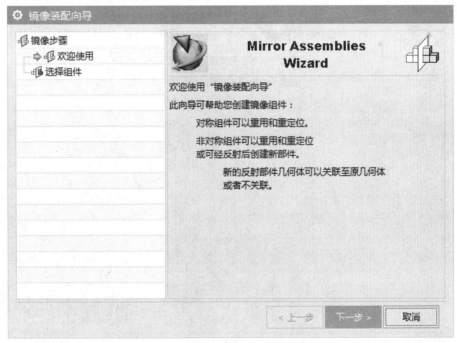

（a）

图6-42　【镜像装配向导】系列界面

（a）【镜像装配向导】欢迎界面

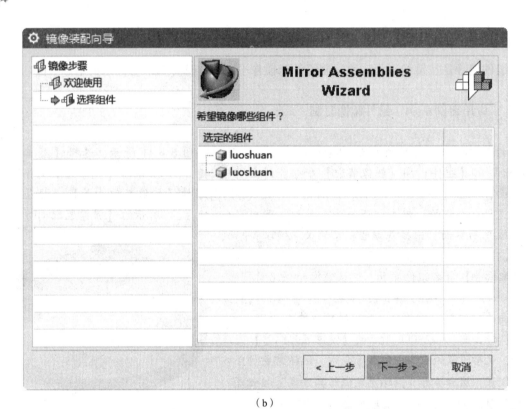

（b）

（c）

图 6-42 【镜像装配向导】系列界面（续）

（b）【镜像装配向导】选择组件界面；（c）【镜像装配向导】选择镜像平面界面

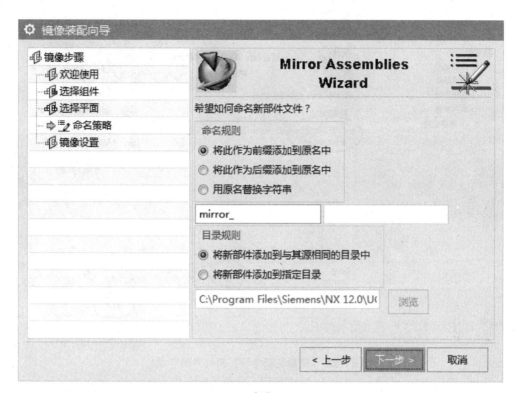

（d）

（e）

图 6-42　【镜像装配向导】系列界面（续）

（d）【镜像装配向导】命名组件界面；（e）【镜像装配向导】类型选择界面

（f）

图6-42　【镜像装配向导】系列界面（续）

（f）【镜像装配向导】完成界面

图6-43　法兰盘螺栓镜像对称复制

6.3.6　组件替换

可按相同的约束条件替换组件。

 应用案例6-5　组件替换

打开"6-5"文件夹中的"AL6-5. prt"文件，如图6-44所示，将4个M8-20短螺栓换成M8-30长螺栓。

选择【菜单】→【装配】→【组件】→【替换组件】命令，弹出图 6-45 所示的【替换组件】对话框，选择 4 个短螺栓作为要替换的组件，单击"替换件"栏，单击"打开文件"按钮 ，选择"6-5"文件夹中的"luoshuanM8-30.prt"长螺栓文件，最后单击"确定"按钮，完成 4 个螺栓的替换，如图 6-46 所示。

图 6-44 替换前的法兰盘短螺栓

图 6-45 【替换组件】对话框

图 6-46 替换法兰盘短螺栓为长螺栓

6.4 爆炸装配图

为了查看设备各个零部件的相互装配关系，可将装配组件偏离原来位置一定距离和角度生成爆炸图。选择【菜单】→【装配】→【爆炸图】命令，调出【爆炸图】子菜单，如图6-47所示，通过该子菜单中的命令可以对爆炸图进行创建、编辑与管理。

1. 创建爆炸图

选择【菜单】→【装配】→【爆炸图】→【新建爆炸】命令，弹出图6-48所示的【新建爆炸】对话框。在"名称"框中输入要创建的爆炸图名称，单击"确定"按钮完成装配体文件爆炸图的创建。装配的组件可以依据需要偏离原来位置一定距离和角度进行爆炸。一个装配体文件可以创建多个爆炸图，首次创建爆炸图时，UG NX 默认的名称是"Explosion1"，第二个、第三个为"Explosion2""Explosion3"，通常使用默认爆炸图的名称即可。新创建的爆炸图仍然显示原来装配体的状态，这是因为还没有具体将各个组件分离开来，需要执行编辑爆炸图操作。

图6-47 【爆炸图】子菜单

图6-48 【新建爆炸】对话框

2. 编辑爆炸图

选择【菜单】→【装配】→【爆炸图】→【编辑爆炸】命令，弹出图6-49所示的【编辑爆炸】对话框。单击"选择对象"单选按钮，单击选择需要爆炸分离的组件，单击"移动对象"单选按钮，爆炸图中显示出组件移动参考坐标系，单击选择坐标轴的3个黄色箭头可以使组件沿该坐标轴的方向移动一定的距离，单击选择绕坐标轴旋转的3个小黄点可以使组件绕该坐标轴旋转一定的角度，移动的距离或旋转的角度在"距离"框或"角度"框中输入，按 Enter 键；或者按住鼠标左键拖动一定的距离或旋转一定的

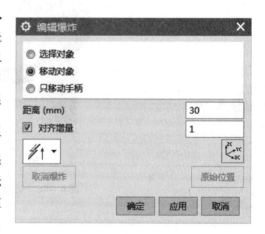

图6-49 【编辑爆炸】对话框

角度。勾选"对齐增量"复选框可设置鼠标动态移动组件时的步进距离或步进角度。

假如移动组件时显示的参考坐标系不合适，可以单击"只移动手柄"单选按钮，先调整参考坐标系的方位，然后再次单击"移动对象"单选按钮，将需要爆炸的组件移动到合适的位置。

 应用案例6－6 爆炸装配图

打开"6－6"文件夹中的"AL6－6. prt"文件，如图6－50所示，需要将齿轮、轴、传动键3个零件爆炸开。

打开图6－48所示的【新建爆炸】对话框，默认爆炸图的名称为"Explosion1"，单击"确定"按钮完成爆炸图的创建。打开图6－49所示的【编辑爆炸】对话框，单击"选择对象"单选按钮，选择齿轮，单击"移动对象"单选按钮，显示参考坐标系，如图6－51所示，单击激活Z坐标轴，在【编辑爆炸】对话框的"距离"框中输入"50"，按Enter键，齿轮便沿Z坐标轴右侧移动50 mm爆炸开，如图6－52所示。

图6－50 齿轮传动组件

图6－51 齿轮爆炸显示参考坐标系

再次单击"移动对象"单选按钮，单击选择传动键，此时需要在按住Shift键的同时单击齿轮以取消对齿轮的选择，显示参考坐标系，单击激活Y坐标轴，在【编辑爆炸】对话框的"距离"框中输入"20"，按Enter键，传动键便沿Y坐标轴向上移动20 mm爆炸开，如图6－53所示。

最后单击【编辑爆炸】对话框中的"确定"按钮，完成齿轮传动组件的爆炸，退出对话框。

图6－52 齿轮爆炸

图6－53 传动键爆炸

3. 隐藏爆炸图

在爆炸图状态下，执行【爆炸图】子菜单中的【隐藏爆炸】命令，则爆炸图隐藏，显示组件装配状态。

4. 显示爆炸图

当装配体文件已经创建有爆炸图时，执行【爆炸图】子菜单中的【显示爆炸】命令时，则直接显示爆炸图。当存在多个爆炸图时，则弹出图 6 – 54 所示的【爆炸图】对话框，选择其中一个爆炸图，单击"确定"按钮显示该爆炸图。

5. 删除爆炸图

当爆炸图不再需要时则将其删除，执行【爆炸图】子菜单中的【删除爆炸】命令，弹出图 6 – 54 所示的【爆炸图】对话框，选择其中需要删除的爆炸图，单击"确定"按钮。

6. 自动爆炸组件

按照装配体文件自身的关联约束条件，对装配组件自动识别爆炸的方位。执行【爆炸图】子菜单中的【自动爆炸组件】命令，弹出图 1 – 14 所示的【类选择】对话框，单击"全选"按钮 ⊞，单击"确定"按钮，弹出图 6 – 55 所示的【自动爆炸组件】对话框，输入爆炸的距离值，单击"确定"按钮完成自动爆炸。图 6 – 56 所示为将装配体文件"AL6 – 6. prt"齿轮传动组件（图 6 – 50）按 50 mm 距离值执行【自动爆炸组件】命令的结果。由于各个组件自动爆炸的方位和距离很难同时满足工程实际的需要，通常不采用自动爆炸方式。

既然自动爆炸是按照装配体文件自身的关联约束条件识别爆炸方位，那么装配组件间必须有装配约束存在，否则不能执行【自动爆炸组件】命令。

图 6 – 54　【爆炸图】对话框

图 6 – 55　【自动爆炸组件】对话框

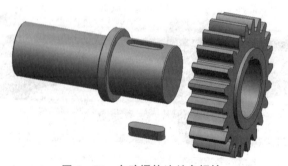

图 6 – 56　自动爆炸法兰盘螺栓

6.5　拆装动画

通过拆装动画可以动态地观察装配组件的相对位置关系和拆装顺序。创建拆装动画之前要把装配约束和存在的阵列全部删除，否则会存在关联运动。

创建拆装动画的步骤如下。

（1）选择【菜单】→【装配】→【序列】命令，由建模状态进入装配序列状态；

（2）选择【菜单】→【任务】→【新建序列】命令，创建一个运动序列，一个装配体文件可以创建多个运动序列，通常以"序列1""序列2"……命名；

（3）选择【菜单】→【插入】→【运动】命令，弹出图6-57所示的【录制组件运动】对话框，一个运动序列可生成多种运动方式。首先选择需要拆分的组件，然后单击"移动对象"按钮 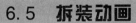，此时显示移动参考坐标系，单击选择坐标轴的3个黄色箭头可以使组件沿该坐标轴的方向移动一定的距离，单击选择绕坐标轴旋转的3个小黄点可以使组件绕该坐标轴旋转一定的角度，移动的距离或旋转的角度在动态文本框 中输入，"对齐"文本框用于设置组件通过鼠标动态移动或转动的步进距离、步进角度。完成一个组件的拆分后可以再次单击"选择组件"按钮，选择组件，再单击"移动组件"按钮，移动或转动该组件。如此操作，直至所有的组件拆分完毕，最后单击"取消"按钮 ，退出【录制组件运动】对话框，同时建立了组件拆装运动过程。

单击"只移动手柄"按钮，可先设置合适的参考坐标系，然后拆分移动组件到合适的位置。

需要注意，组件的拆分尽可能遵循现场零件的装配顺序和拆装方位，先前装配的组件后续拆分，后续装配的组件先行拆分。拆分的路径避免出现斜线，要依照参考坐标系的坐标方位横平竖直地运动。相同的组件要按组一起拆分，比如法兰盘的连接螺栓要一起拆分，紧固螺母要一起拆分。

图6-57　【录制组件运动】对话框

（4）选择【菜单】→【工具】→【向后播放】命令，观察组件的装配过程。播放完毕，可以再观察组件的拆分过程，即选择【菜单】→【工具】→【向前播放】命令。

（5）组件拆装过程可以录制成视频文件进行播放。

选择【菜单】→【工具】→【导出至电影】命令，弹出图6-58所示的【录制电影】对话框，命名视频的名称，设置放置的文件路径，单击"OK"按钮，即开始录制组件的拆装过程。录制完成，弹出图6-59所示的【导出至电影】对话框，单击"确定"按钮完成视频文件的录制。

（6）装配体文件拆装动画制作完成后，选择【菜单】→【任务】→【完成序列】命令，由装配序列状态返回建模状态。

应用案例6-7 拆装动画

打开"6-6"文件夹中的"AL6-6.prt"文件，如图6-50所示。

首先将齿轮装配组件中的装配约束全部删除，然后按照创建拆装动画步骤制作拆装动画，将齿轮沿 +Z 轴方向拆分开 50 mm，传动键沿 +Y 轴方向拆分开 20 mm。

将齿轮组件安装与拆分过程分别录制成"齿轮组安装"与"齿轮组拆分"视频文件。

读者也可以针对该齿轮装配文件尝试创建其他拆装方位与距离的拆装动画。

图6-58 【录制电影】对话框

图6-59 【导出至电影】对话框

6.6 综合实例

设计要求

装配一级减速器。

设计思路

按照一级减速器的组装顺序和定位方式进行零部件的装配，减速器组件多为回转类零

件，大多采用自动判断中心和面接触的装配约束。

操作步骤

1. 新建装配文件

在文件夹"6-7"中新建一模型文件，命名为"jiansuqi. prt"，操作参见1.3.1节。

2. 定位减速器下壳体

选择【菜单】→【装配】→【组件】→【添加组件】命令，打开图6-2所示【添加组件】对话框，单击打开文件按钮，选择文件夹"6-7"中的"xiaketi. prt"文件，单击"应用"按钮，弹出图6-3所示的【创建固定约束】对话框，单击"是（Y）"按钮，完成减速器下壳体组件的装配，如图6-60所示。

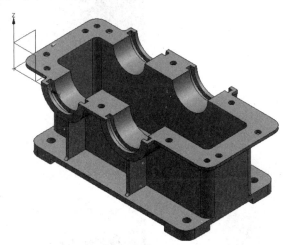

图6-60　装配减速器下壳体

减速器装配

3. 安装减速器大轴右端盖

在图6-2所示【添加组件】对话框中单击打开文件按钮，选择文件夹"6-7"中的"dagai2. prt"文件，约束类型选择"自动判断中心/轴"约束，依次单击图6-61中心线1和中线2；然后约束类型选择"接触"约束，依次单击图6-62中的端面1和端面2；最后单击"应用"按钮，完成大轴右端盖的安装，如图6-63所示。

4. 安装减速器右侧轴承

在图6-2所示【添加组件】对话框中单击打开文件按钮，选择文件夹"6-7"中的轴承文件"6208. prt"，约束类型选择"自动判断中心/轴"约束，依次单击图6-64中的中心线1和中线2；然后约束类型选择"接触"约束，依次单击图6-65中的端面1和端面2；最后单击"应用"按钮，完成大轴右侧轴承的安装，如图6-66所示。

5. 安装减速器大轴右侧油挡

在图6-2所示【添加组件】对话框中单击打开文件按钮，选择文件夹"6-7"中的"youdang2. prt"文件，约束类型选择"自动判断中心/轴"约束，依次单击图6-67中的中心线1和中线2；然后约束类型选择"接触"约束，依次单击图6-68中的端面1和端面2；最后单击"应用"按钮，完成大轴右侧油挡的安装，如图6-69所示。

图 6-61　装配大轴右端盖（中心线共线）

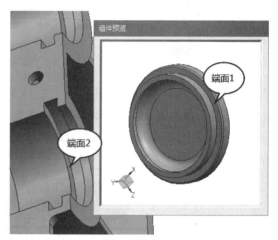

图 6-62　装配大轴右端盖（面接触）

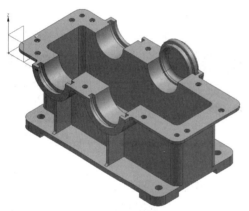

图 6-63　大轴右端盖装配

图 6-64　装配大轴右轴承（中心线共线）

图 6-65　装配大轴右轴承（面接触）

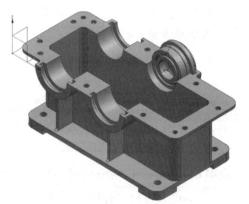

图 6-66　大轴右轴承装配

图 6 - 67　装配大轴右油挡（中心线共线）

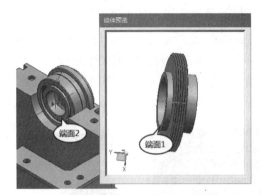

图 6 - 68　装配大轴右油挡（面接触）

6. 安装减速器大齿轮轴

在图 6 - 2 所示【添加组件】对话框中单击打开文件按钮📂，选择文件夹"6 - 7"中的"dachilunzhou. prt"文件，约束类型选择"自动判断中心/轴"约束，依次单击图 6 - 70 中的中心线 1 和中线 2；然后约束类型选择"接触"约束，依次单击图 6 - 71 中的端面 1 和端面 2；最后单击"应用"按钮，完成大齿轮轴的安装，如图 6 - 72 所示。

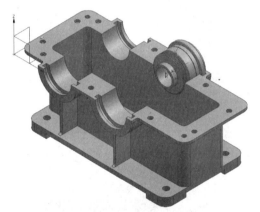

图 6 - 69　大轴右油挡装配

图 6 - 70　装配大轴（中心线共线）

图 6 - 71　装配大轴（面接触）

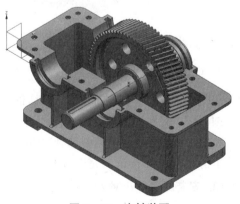

图 6 - 72　大轴装配

7. 安装减速器大轴左侧油挡

在图 6 - 2 所示【添加组件】对话框中单击打开文件按钮 🗁，选择文件夹 "6 - 7" 中的 "youdang3. prt" 文件，约束类型选择 "自动判断中心/轴" 约束，依次单击图 6 - 73 中的中心线 1 和中线 2；然后约束类型选择 "接触" 约束，依次单击图 6 - 74 中的端面 1 和端面 2；最后单击 "应用" 按钮，完成减速器大轴左侧油挡安装，如图 6 - 75 所示。

图 6 - 73　装配大轴左油挡（中心线共线）　　　图 6 - 74　装配大轴左油挡（面接触）

8. 安装减速器大轴左侧轴承

操作同步骤 4，其中轴承内圈端面与左侧油挡的左侧端面执行 "接触" 约束，如图 6 - 76 所示。

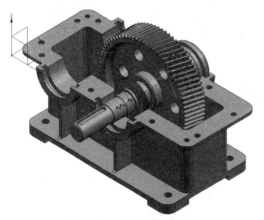　　　　　　

图 6 - 75　大轴左油挡装配　　　　　　图 6 - 76　大轴左轴承装配

9. 安装减速器大轴左端盖

在图 6 - 2 所示【添加组件】对话框中单击打开文件按钮 🗁，选择文件夹 "6 - 7" 中的 "dagai1. prt" 文件，约束类型选择 "自动判断中心/轴" 约束，依次单击图 6 - 77 中的中心线 1 和中线 2；然后约束类型选择 "接触" 约束，依次单击图 6 - 78 中的端面 1 和端面 2；最后单击 "应用" 按钮，完成减速器大轴左侧端盖安装，如图 6 - 79 所示。

10. 安装减速器小轴左端盖

在图 6 - 2 所示【添加组件】对话框中单击打开文件按钮 🗁，选择文件夹 "6 - 7" 中的 "xiaogai2. prt" 文件，约束类型选择 "自动判断中心/轴" 约束，依次单击图 6 - 80 中的中心线 1 和中线 2；然后约束类型选择"接触"约束，依次单击图 6-81 中的端面 1 和端面 2；最后单击"应用"按钮，完成减速器小轴左侧端盖安装，如图 6-82 所示。

图 6-77 装配大轴左端盖（中心线共线）

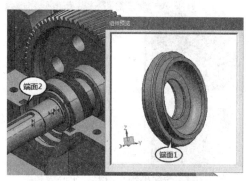

图 6-78 装配大轴左端盖（面接触）

图 6-79 大轴左端盖装配

图 6-80 装配小轴左端盖（中心线共线）

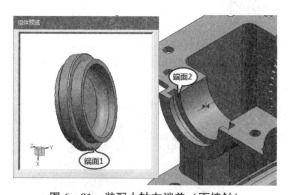

图 6-81 装配小轴左端盖（面接触）

图 6-82 小轴左端盖装配

11. 安装减速器左侧轴承

在图 6-2 所示【添加组件】对话框中单击打开文件按钮 ，选择文件夹"6-7"中的轴承文件"6207.prt"，约束类型选择"自动判断中心/轴"约束，依次单击图 6-83 中的中心线 1 和中线 2；然后约束类型选择"接触"约束，依次单击图 6-84 中的端面 1 和端面 2；

最后单击"应用"按钮，完成减速器小轴左侧轴承的安装，如图 6-85 所示。

图 6-83　装配小轴左轴承（中心线共线）

图 6-84　装配小轴左轴承（面接触）

12. 安装减速器小轴左侧油挡

在图 6-2 所示【添加组件】对话框中单击打开文件按钮 ，选择文件夹"6-7"中的 "youdang1. prt"文件，约束类型选择"自动判断中心/轴"约束，依次单击图 6-86 中的中心线 1 和中线 2；然后约束类型选择"接触"约束，依次单击图 6-87 中的端面 1 和端面 2；最后单击"应用"按钮，完成减速器小轴左侧油挡的安装，如图 6-88 所示。

图 6-85　小轴左轴承装配

图 6-86　装配小轴左油挡（中心线共线）

图 6-87　装配小轴左油挡（面接触）

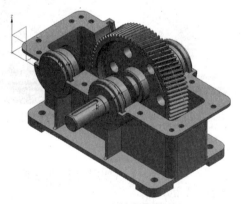

图 6-88　小轴左油挡装配

13. 安装减速器小齿轮轴

在图 6 - 2 所示【添加组件】对话框中单击打开文件按钮 ，选择文件夹 "6 - 7" 中的 "xiaochilunzhou. prt" 文件，约束类型选择 "自动判断中心/轴" 约束，依次单击图 6 - 89 中的中心线 1 和中线 2；然后约束类型选择 "接触" 约束，依次单击图 6 - 90 中的端面 1 和端面 2；最后单击 "应用" 按钮，完成减速器小齿轮轴的安装，如图 6 - 91 所示。

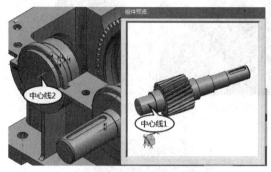

图 6 - 89 装配小轴（中心线共线）　　　　图 6 - 90 装配小轴（面接触）

14. 安装减速器小轴右侧油挡

操作同步骤 12，油挡平端面与小齿轮轴凸台端面执行 "接触" 约束，如图 6 - 92 所示。

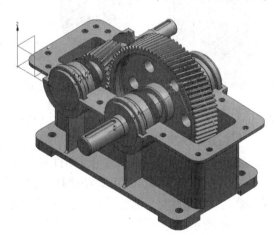

图 6 - 91 小轴装配　　　　　　　　　图 6 - 92 小轴右油挡装配

15. 安装减速器小轴右侧轴承

操作同步骤 11，轴承内圈端面与右侧油挡的右侧端面执行 "接触" 约束，如图 6 - 93 所示。

16. 装减速器小轴右端盖

在图 6 - 2 所示【添加组件】对话框中单击打开文件按钮 ，选择文件夹 "6 - 7" 中的 "xiaogai1. prt" 文件，约束类型选择 "自动判断中心/轴" 约束，依次单击图 6 - 94 中的中心线 1 和中线 2；然后约束类型选择 "接触" 约束，依次单击图 6 - 95 中的端面 1 和端面 2；最后单击 "应用" 按钮，完成减速器小齿轮轴右端盖的安装，如图 6 - 96 所示。

图6-93　小轴右轴承装配

图6-94　装配小轴右端盖（中心线共线）

图6-95　装配小轴右端盖（面接触）

图6-96　小轴右端盖装配

17. 安装减速器上壳体

在图6-2所示【添加组件】对话框中单击打开文件按钮，选择文件夹"6-7"中的"shangketi. prt"文件，约束类型选择"同心"约束，依次单击图6-97中的圆1、圆2、圆3、圆4，执行两次"同心"约束，最后单击"应用"按钮，完成减速器上壳体的安装，如图6-98所示。

18. 安装减速器紧固螺栓、螺母

在图6-2所示【添加组件】对话框中单击打开文件按钮，选择文件夹"6-7"中的"luoshuan. prt"文件，约束类型选择"同心"约束，依次单击图6-99中的圆1、圆2，单击"应用"按钮，完成减速器左前孔的螺栓安装。

在图6-2所示【添加组件】对话框中单击打开文件按钮，选择文件夹"6-7"中的"luomu. prt"文件，约束类型选择"同心"约束，依次单击图6-100中的圆1、圆2，单击"应用"按钮，完成减速器左前孔螺栓上的螺母安装。

减速器左前孔螺栓、螺母的装配如图6-101所示。

可以用同样的装配约束方法安装其余9套螺栓、螺母，也可以通过【移动组件】命令复制安装这些螺栓、螺母。

选择【菜单】→【装配】→【组件位置】→【移动组件】命令，打开图6-32所示【移动组件】对话框，单击激活"选择组件"，单击选择刚装配的螺栓、螺母，按"点到点"方式复制，副本总数为"1"，单击已安装螺栓孔的顶圆圆心，再单击减速器右前侧孔的顶圆圆心，单击"应用"按钮，完成一套螺栓、螺母的复制。用同样的方法复制安装其余孔的螺栓、螺母。

完成的10套螺栓、螺母安装如图6-102所示。

图6-97　装配上壳体（两次圆心重合）

图6-98　上壳体装配

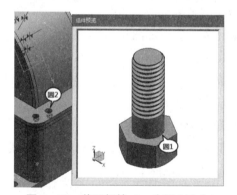

图6-99　装配螺栓（一次圆心重合）

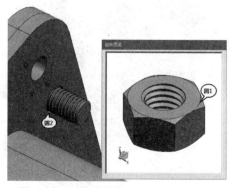

图6-100　装配螺母（一次圆心重合）

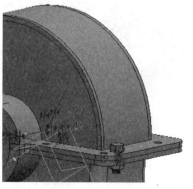

图6-101　螺栓螺母装配（1套）

19. 安装减速器上下壳体的定位销

在图 6-2 所示【添加组件】对话框中单击打开文件按钮，选择文件夹"6-7"中的 "xiaozi. prt" 文件，约束类型选择"同心"约束，依次单击图 6-103 中的圆 1、圆 2，单击 "应用" 按钮，完成减速器左前孔的销子安装。

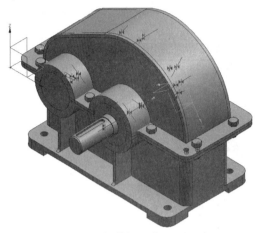
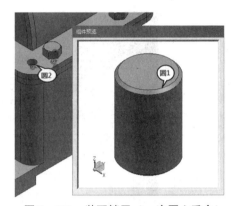

图 6-102　螺栓螺母装配（10 套）　　　　图 6-103　装配销子（一次圆心重合）

可以用同样的方法安装减速器对角的销子，也可以参考步骤 18，用【移动组件】命令 复制安装减速器右后侧的销子。

销子安装完成如图 6-104 所示。

20. 隐藏辅助特征

在装配过程中要注意观察，装配约束符号应全部为蓝色，若出现红色表示有存在冲突装 配约束，应检查修改。

选择【菜单】→【编辑】→【显示与隐藏】→【显示与隐藏】命令，打开【显示与隐 藏】对话框，单击基准与装配约束后面的减号，隐藏基准坐标系和装配约束符号，只显 示实体组件，如图 6-105 所示。

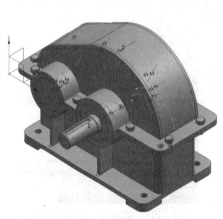
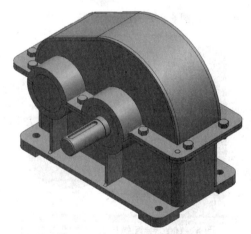

图 6-104　销子装配（2 套）　　　　　　图 6-105　一级减速器装配

本章小结

本章介绍了装配设计方法、装配约束种类、组件编辑与操作、组件爆炸以及拆装动画。要熟练掌握组件关联约束条件的使用方法。要深入理解：自底向上的装配方法是对钳工组装设备现场工况的模拟；自顶向下的装配方法更多地是对新产品边开发，边设计，边组装，边修改的设计过程的模拟；装配体爆炸与拆装动画主要用于指导钳工现场的设备检修与装配。

 思考与练习 ▶▶ ▶

1．思考题

（1）什么是自底向上的装配方法？

（2）装配约束有哪些类型？

（3）如何制作爆炸图？

（4）如何制作拆装动画？

（5）【阵列组件】命令是否可以用【移动组件】命令代替？

（6）装配约束符号颜色代表什么含义？

2．操作题

（1）装配图6－106所示的6208轴承，支持文件在"6－8"文件夹中。

图6－106　6208轴承

（2）将综合实例的一级减速器装配体制作成手动爆炸图，如图6－107所示。

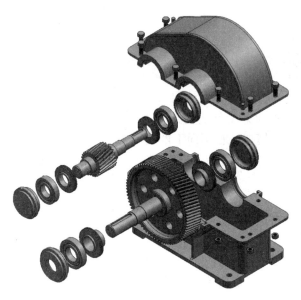

图 6 – 107   一级减速器爆炸图

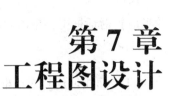

第7章 工程图设计

工程图纸是产品设计完成之后要付诸生产，现场加工制造使用的图纸。尺寸、公差、粗糙度、技术要求等决定了加工工艺、热处理工艺的选择，加工工序的制定以及加工设备的使用。工程图纸的绘制是实体模型设计模块的最后一步重要环节。如何创建使用图纸，如何制作图纸模板，如何设计视图能够更加简洁、完整地表达模型信息，如何标注能够更加合理科学地指导工艺、工序，生产出低加工成本、符合精度要求的合格产品均是工程图设计章节中需要学习的内容。

学习目标 ▶▶ ▶

※ 图纸的创建与管理

※ 视图的创建与管理

※ 图纸标注

7.1 入门引例

设计要求

制作基座立体半剖视图，基座实体模型如图7-1所示。

制作步骤

（1）打开支持文件"7-1. prt"，如图7-1所示。

（2）选择工具栏中的【应用模块】→【制图】命令，由建模环境切换到制图环境。

（3）选择【菜单】→【插入】→【图纸页】命令，弹出【工作表】对话框，如图7-2所示，按图示设置，新建一张4号图纸。

（4）选择【菜单】→【插入】→【视图】→【基本】命令，弹出【基本视图】对话框，如图7-3所示，按图示设置，然后用鼠标将基座俯视图放置在图纸偏左侧位置，再单击"关闭"按钮退出对话框。上述操作再执行一次，这次选择"模型视图"栏中的"正等测图"选项，单击正等测视图，将其放置在图纸偏右侧位置，两视图左右对齐，放置后如图7-4所示。

（5）选择【菜单】→【插入】→【视图】→【半轴测剖】命令，弹出【轴测图中的半剖】对话框，如图7-5所示。单击选择基座俯视图，再单击"剖视图方向"按钮 ，选择 YC 轴，再单击"应用"按钮。

（6）仍然在【轴测图中的半剖】对话框中，单击"剖视图方向"按钮 ，选择 ZC 轴 ，单击"应用"按钮。

（7）此时弹出图7-6所示的【截面线创建】对话框，单击"切割位置"单选按钮，单击选择图7-4所示基座俯视图1处边线的中心点；再单击"折弯位置"单选按钮，单击2处的圆心点；单击"箭头位置"单选按钮，单击3处的一点，再单击"确定"按钮。

（8）此时又回到图7-5所示的【轴测图中的半剖】对话框，在位于中间的选择栏中选择"剖切现有视图"选项，最后单击选择基座的正等测视图，完成立体视图的半剖切，如图7-7所示。

基座立体半剖
视图制作

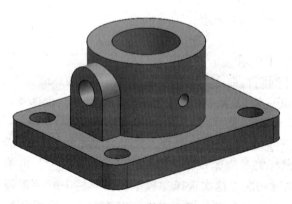

图7-1 基座实体

图7-2 【工作表】对话框

图 7 - 3 【基本视图】对话框

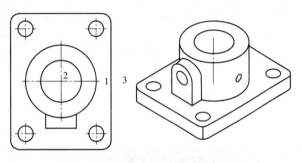

图 7 - 4 基座俯视图与正等测视图

图 7 - 5 【轴测图中的半剖】对话框

图 7 - 6 【截面线创建】对话框

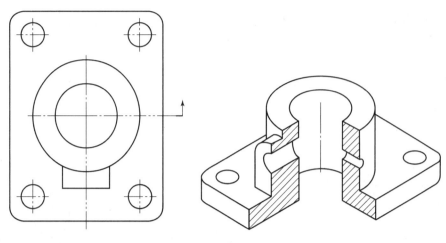

图 7－7　基座立体半剖视图

7.2　图纸的创建与管理

绘制工程图，首先要选用图纸，如何生成一张图纸、对生成的图纸如何编辑，以及如何进行图纸的复制、粘贴、删除等均是图纸创建与管理的内容。

7.2.1　新建图纸

新建一张图纸，确定图纸的名称、图幅、比例、单位、投影方式。

选择工具栏中的【应用模块】→【制图】命令，将工作界面由建模模块切换到制图模块。假如工具栏中没有【应用模块】命令时，需要将鼠标放于工具栏空白处，单击鼠标右键选择【应用模块】命令。

选择【菜单】→【插入】→【图纸页】命令，弹出图 7－2 所示的【工作表】对话框，在最上方的"大小"栏中确定图幅大小，通常单击"标准尺寸"单选按钮，有 5 种规格——A0，A1，A2，A3，A4，分别代表国标的 0 号、1 号、2 号、3 号、4 号图纸。假如绘制的图纸比较特殊，需要细长形或正方形等图纸式样出图，则单击"定制尺寸"单选按钮，在"高度"和"长度"框中输入尺寸值。如果单击"使用模板"单选按钮，可以选用 UG NX 自带的一些图纸模板，有针对零件图的仅带有标题栏的模板，也有针对装配图的带有标题栏和明细栏的模板，图纸模板大小和式样根据需要选择。

图纸的比例可根据需要按给定的选项选择，如果超出给定的范围，可单击"定制尺寸"单选按钮，输入需要的比例值。

【工作表】对话框的"名称"栏中的信息可自行设定，通常一个模型文件不会有很多张图纸，不会太乱，这些选项默认即可。

图纸的单位通常选用公制"毫米"，欧美国家习惯使用"英寸"。

图纸的投影方式分为"第一角投影" 和"第三角投影" 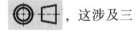，这涉及三

维立体模型转换成二维平面图纸的成像法则，具体参看机械制图教材。其主要区别在于，"第一角投影"方式为：右视图是实体模型从左侧向右侧投影获得，左视图是实体模型从右侧向左侧投影获得；而"第三角投影"方式恰好相反，右视图是实体模型从右侧向左侧投影获得，左视图是实体模型从左侧向右侧投影获得。我国和俄罗斯等国的制图标准采用的是"第一角投影"方式，欧美等国制图标准采用的是"第三角投影"方式。因此，我国的工程图纸通常选择"第一角投影"方式，当然，对于涉及欧美国家的工程项目，根据需要选择"第三角投影"方式。

7.2.2 图纸的编辑

一张图纸创建好后，假如有设置不合适的地方，可以对图纸进行编辑。将鼠标放置于图纸的边框处，待边框高亮显示时，双击，又回到【工作表】对话框，可以重新对这张图纸的图幅、比例、名称、投影方式进行设置。

编辑图纸时还可以将鼠标放置于图纸边框处，待边框高亮显示后，单击鼠标右键弹出快捷选项，选择【编辑图纸页】命令；或者通过选择【菜单】→【编辑】→【图纸页】命令进行操作，当然在工具栏中也有编辑图纸命令。

7.2.3 图纸的打开/切换

一个实体模型其二维图纸的表达方式是多样的，可以通过主视图、俯视图、右视图表达，也可以通过主视图、俯视图、左视图表达；内部结构可以使用全剖视图或者半剖视图表达；对于图纸的大小、比例，制图工程师依据自己的偏好选择。因此，允许对同一个模型文件制作多张二维工程图纸，这些工程图纸之间的选择切换是通过资源栏的部件导航器进行的。

单击视窗左侧资源栏中的"部件导航器"按钮，弹出【部件导航器】对话框，如图 7-8 所示。在"图纸"根目录下有图纸"SHT1"和"SHT2"，表示该模型文件目前有两张图纸，名称分别为"SHT1"和"SHT2"。图纸"SHT1"后面标有"工作的-活动"，表示图纸"SHT1"当前处于激活状态、工作状态，也即显示状态，目前所进行的图纸绘制、图纸编辑等操作都是针对该图纸进行的。假如要打开或切换到图纸"SHT2"，只需要双击图纸"SHT2"，此时图纸"SHT2"后面标有"工作的-活动"，同时，图纸"SHT2"在窗口中显示出来，处于激活状态、工作状态，可以对其进行编辑、视图布置等操作。

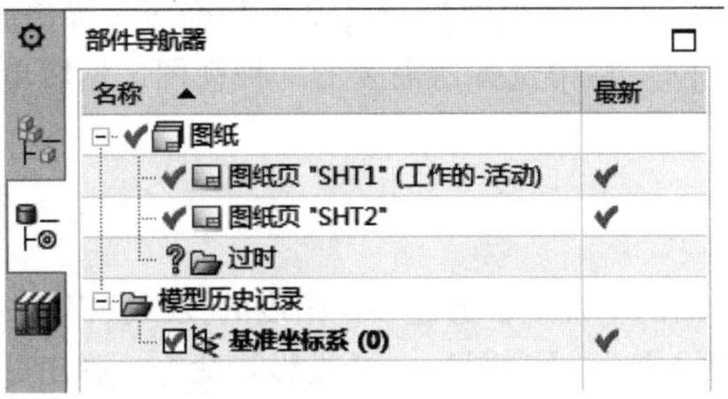

图 7-8 【部件导航器】对话框

7.2.4　图纸的复制与粘贴

一张图纸绘制完成后需要修改，又要保存副本，这就要进行图纸的复制与粘贴。图纸的复制与粘贴可以在部件导航器中进行，打开图7-8所示的【部件导航器】对话框，单击选择需要复制的图纸，单击鼠标右键弹出快捷选项，选择【复制】命令，然后再单击选择任意一张图纸，单击鼠标右键选择【粘贴】命令，这时发现在"图纸"根目录下多了一张图纸，这张图纸便是复制的那张图纸粘贴而来的。

进行图纸的复制与粘贴时还可以将鼠标放置于图纸边框处，待边框高亮显示后，单击鼠标右键选择【复制】命令，然后将鼠标放置于图纸空白处，单击鼠标右键选择【粘贴】命令。可以从部件导航器中查看到多了一张粘贴的图纸。

也可以通过菜单栏复制与粘贴图纸：首先单击图纸边框，待边框高亮显示后，选择【菜单】→【编辑】→【复制】命令，再选择【菜单】→【编辑】→【粘贴】命令，完成图纸的复制与粘贴。

7.2.5　图纸的删除

若某张图纸不需要或作废，可以将其删除掉。删除图纸比较简单，单击图纸边框，待边框高亮显示后，按 Delete 键，或单击鼠标右键选择【删除】命令，或者在部件导航器中选中需要删除的图纸单击鼠标右键选择【删除】命令，或者单击图纸边框选中图纸，选择【菜单】→【编辑】→【删除】命令，即可删除图纸。

7.3　视图的创建与管理

图纸设置好后，开始布置视图、编辑视图，完整、简洁、合理地表达实体模型，这就是视图的创建与管理。

7.3.1　基本视图

UG NX 共提供了8种基本视图类型备选：前视图、后视图、左视图、右视图、俯视图、仰视图、正等测图、正三轴测图。前6种是平面视图，后2种是立体视图，其投影成像原理参看机械制图教材。

选择【菜单】→【插入】→【视图】→【基本】命令，弹出图7-3所示的【基本视图】对话框，在"模型视图"栏中选择所需要的一种视图，然后单击该视图将其放置于图纸中合适的位置。

7.3.2　投影视图

投影视图是在已有视图的基础上，通过一定角度的投影获得的视图。

选择【菜单】→【插入】→【视图】→【投影】命令，弹出【投影视图】对话框，如图7-9所示。单击激活"父视图"栏的"选择视图"栏，再在图纸中单击选择需要投影的视图，然后移动鼠标动态观察需要左侧投影、右侧投影、顶部投影或底部投影，在合适的位置单击放置即可。投影视图通常是对已有视图在水平方位或竖直方位上进行的投影，当然也可以沿任意方位进行投影，可以选择"方法"下拉列表中的一种方式，必要时需要事先绘制辅助线参考投影的矢量方向。

图 7-9 【投影视图】对话框

7.3.3 自定义视图

假如实体模型的 8 种基本视图，以及通过投影生成的视图都不能满足模型结构信息表达的需要，则可以使用自定义视图，操作步骤如下。

（1）选择上方工具栏中的【应用模块】→【建模】命令，视窗界面由制图模块切换到建模模块。通过鼠标对实体模型进行缩放、旋转、平移等操作，调整到适合表达其结构信息的状态。

（2）选择【菜单】→【视图】→【操作】→【另存为】命令，弹出【保存工作视图】对话框，如图 7-10 所示，在"名称"框中输入自定义视图的名字，比如"zidingyi"，单击"确定"按钮，完成操作并退出对话框。

（3）选择【应用模块】→【制图】命令，再回到工程制图模块。选择【菜单】→【插入】→【视图】→【基本】命令，弹出图 7-11 所示的【基本视图】对话框，此时在"模型视图"栏中除了 8 种基本视图外，又多了"zidingyi"视图，选择该视图，通过单击将其放置于图纸上的合适位置。

图 7 – 10 【保存工作视图】对话框

图 7 – 11 【基本视图】对话框

7.3.4 剖视图

为了反映实体模型内部的孔腔结构，需要对其进行剖切观察，实体模型剖切之后的视图称为剖视图。经常用到的剖视图有全剖视图、半剖视图、阶梯剖视图、旋转剖视图、局部剖视图、立体剖视图（立体全剖视图、立体半剖视图、立体阶梯剖视图）。

1. 全剖视图

 应用案例 7 – 1   制作全剖视图

（1）打开支持文件"7 – 2. prt"，如图 7 – 12 所示，其为一法兰盘俯视图。

（2）选择【菜单】→【插入】→【视图】→【剖视图】命令，弹出【剖视图】对话框，如图 7 – 13 所示。在"截面线"栏的"方法"下拉列表中选择"简单剖/阶梯剖"选项，单击激活"父视图"栏，单击选择图纸中的法兰盘俯视图为进行剖切的视图。

（3）单击激活"截面线段"栏指定剖切位置点，单击选择视图中心孔的圆心点，然后移动鼠标将全剖视图单击放置于垂直上方的位置，如图 7 – 14（a）所示。

这里要明确，全剖视图强调的是"一刀切"的概念，只需要选择一个剖切位置点，该点可以是中心位置点，也可以是任意其他位置点，然后按照水平方位或竖直方位或其他指定的一个方位剖切实体模型获得视图。比如，图 7 – 14（b）所示为选择法兰盘左上方小孔的圆心作为剖切位置点，然后右侧投影的全剖视图，请读者自行练习操作。

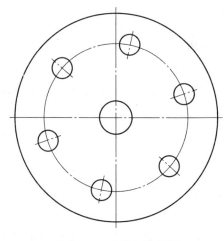

图 7 – 12　法兰盘俯视图　　　　　　　图 7 – 13　【剖视图】对话框

2. 半剖视图

半剖视图的操作类似于全剖视图，关键在于选择两个点：剖切开始位置点、剖切结束位置点。

 应用案例 7 – 2　制作半剖视图

（1）打开支持文件 "7 – 2. prt"，如图 7 – 12 所示，其为一法兰盘俯视图。选择【菜单】→【插入】→【视图】→【剖视图】命令，弹出图 7 – 13 所示的【剖视图】对话框，在 "截面线" 栏的 "方法" 下拉列表中选择 "半剖" 选项。

（2）单击激活 "父视图" 栏的 "选择视图" 栏，单击选择图纸中的法兰盘俯视图为进行半剖的视图。

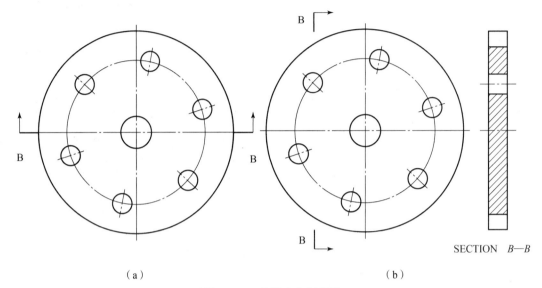

（a） （b）

图7-14 法兰盘全剖视图

（3）单击激活"截面线段"栏的"指定位置"栏，单击点构造器按钮，通过象限点的方式单击选择法兰盘外圆左侧象限点（参见3.2.1节）为剖切开始位置点，再单击选择中心孔圆心为剖切结束位置点。

（4）单击激活"视图原点"栏的"指定位置"栏，然后移动鼠标将半剖视图单击放置于垂直上方的位置，如图7-15（a）所示。

半剖视图不一定恰好是实体模型一半的剖切，其强调的是部分剖切的概念，只要指定剖切开始位置点和剖切结束位置点即可确定半剖视图。图7-15（b）所示为剖切开始位置点选择左上孔的圆心点，剖切结束位置点选择最下方孔的圆心点，向右侧投影的半剖视图，请读者自行练习操作。这里请读者思考，虽然剖切开始位置点没有选择在法兰盘的外圆边缘上，但是剖刀是从法兰盘顶部入切的，因此，该边缘点可以通过指定的剖切开始位置点自动识别出来。

3. 阶梯剖视图

阶梯剖视图与全剖视图使用同一个命令，操作更加细化。

 应用案例7-3 制作阶梯剖视图

（1）打开支持文件"7-2.prt"，如图7-12所示，其为一法兰盘俯视图。选择【菜单】→【插入】→【视图】→【剖视图】命令，弹出图7-13所示的【剖视图】对话框。在"截面线"栏的"方法"下拉列表中选择"简单剖/阶梯剖"选项。

（2）单击激活"父视图"栏，单击选择图纸中的法兰盘俯视图为进行阶梯剖切的视图。

（3）在"铰链线"栏的"矢量选项"下拉列表中选择"已定义"选项，单击"指定矢

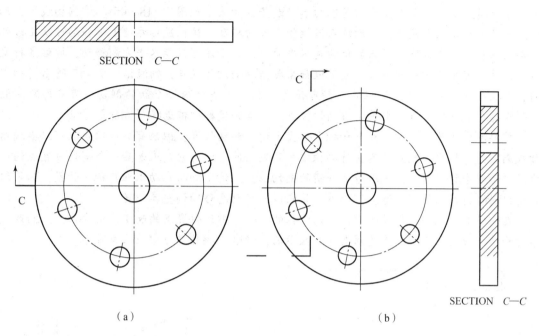

（a）   （b）

图 7－15 法兰盘半剖视图

量"右侧下拉菜单按钮 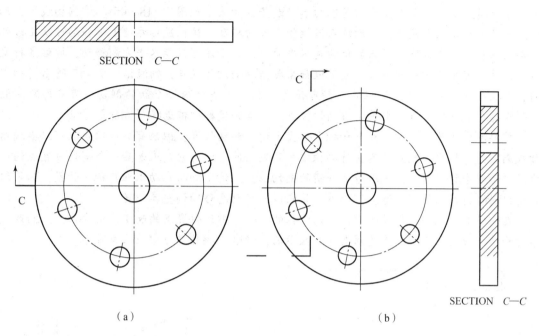 ，选择工作坐标系 X 轴 **XC**，注意观察剖切线的放置箭头，可以单击"反转剖切方向"按钮 ⊠ ，调整阶梯剖视图是放于上方位置还是下方位置。

这是关键一步，定义阶梯剖切线的方位是水平还是竖直，如果不事先定义，在阶梯剖切的过程中靠自动识别不易控制，剖切方位经常歪斜。

（4）单击激活"截面线段"栏，指定法兰盘最左侧小孔的圆心为第一个剖切位置点，再一次单击激活"截面线段"栏，指定法兰盘中心孔的圆心为第二个剖切位置点，再单击选择法兰盘最右侧的小孔圆心为第三个剖切位置点。

这是不同于全剖视图操作的重要一步，完成了多个剖切位置点的选择。

（5）单击激活"视图原点"栏的"指定位置"栏，然后移动鼠标将阶梯剖视图单击放置于垂直上方的位置，如图 7－16（a）所示。

图 7－16（b）所示为选择法兰盘左上孔圆心、中心孔圆心、右下孔圆心 3 个剖切位置点，竖直剖切右侧投影生成的阶梯剖视图，请读者自行练习操作。

假如制作的阶梯剖视图不是很合适，可以不用重新制作，只在原来的基础上编辑修改即可，编辑阶梯剖视图的剖切位置、折弯位置、放置位置以及剖切方位等。

双击阶梯剖视图的剖切线，或者单击选择剖切线后单击鼠标右键选择【编辑】命令，弹出【剖视图】对话框，如图 7－17 所示。单击激活"铰链线"栏的"指定矢量"栏，可以编辑阶梯剖视图的剖切方位，单击激活"截面线段"栏的"指定位置"栏，可以改变剖切线的剖切位置和折弯位置，单击激活"视图原点"栏的"指定位置"栏，可以改变阶梯剖视图的放置位置。

以图 7－16（a）所示阶梯剖视图为例进行编辑修改。双击图 7－16（a）所示法兰盘俯视图的剖切线，将剖切线激活并在其剖切位置和折弯位置显示出黄灰色圆点。此时将鼠标放置于某个圆点上，会动态显示出黄色的水平或竖直箭头，如图7－18所示。该剖切线的剖切位置点显示的是竖直箭头，表示该点只能竖直方向移动，按住鼠标左键上下移动可改变该处的剖切位置点；在折弯位置点显示的是水平箭头，表示该点只能水平方向移动，按住鼠标左键左右移动可改变该处的折弯位置。假如需要增加剖切位置点，则激活图7－17所示【剖视图】对话框中"截面线段"栏的"指定位置"栏，单击选择一个新的剖切位置点即可。假如删除某个剖切位置点，则单击该剖切位置点，单击鼠标右键选择【删除】命令。

需要注意的是，剖切位置点和折弯位置点均可移动位置，但只有剖切位置点可以单独增加或删除，而折弯位置点是不支持单独增加和删除的，因为它是跟着某一个剖切位置点的删除而自动删除的；同时，又跟着某一新的剖切位置点的增加而自动识别其折弯位置，如果这自动识别的折弯位置不合适，可以单击该点以鼠标动态移动调整其位置。

在阶梯剖视图的编辑过程中，剖切方位的变化、剖切位置点的改变、折弯位置点的改变等对阶梯剖视图的变化影响是动态即时显示的，读者在操作练习中应注意观察。

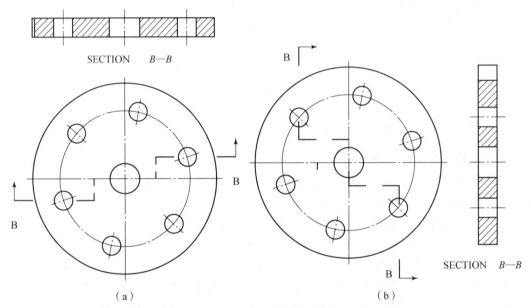

（a）　　　　　　　　　　　　（b）

图7－16　法兰盘阶梯剖视图

4. 旋转剖视图

对于具有回转特性的模型，表达内部结构信息通常使用旋转剖视图。

 应用案例7－4　制作旋转剖视图

（1）打开支持文件"7－2.prt"，如图7－12所示，其为一法兰盘俯视图。选择【菜单】→【插入】→【视图】→【剖视图】命令，弹出图7－13所示的【剖视图】对话框，在"截面线"栏的"方法"下拉列表中选择"旋转"选项，此时对话框变成图7－19所示式样。

（2）单击激活"父视图"栏的"选择视图"栏，单击选择图纸中的法兰盘俯视图为进行旋转剖切的视图。

图7-17 【剖视图】对话框

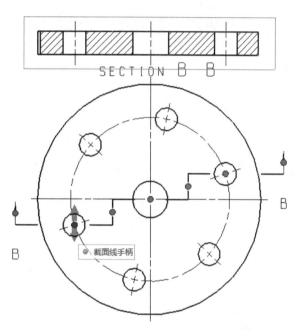

图7-18 剖切线激活状态

（3）单击激活"截面线段"栏的"指定旋转点"栏，单击选择法兰盘中心孔的圆心作为旋转中心点，单击选择最左方的孔圆心点作为旋转剖切的第一角边点，再单击选择右下方孔的圆心点作为旋转剖切的第二角边点，然后移动鼠标将旋转剖视图单击放置于垂直上方的位置，如图7-20所示。

5. 局部剖视图

对于模型局部的内部细节结构信息表达使用的是局部剖视图。

 应用案例7-5 制作局部剖视图

（1）将要进行局部剖切的视图转变为活动草图状态。

图 7 – 19 【剖视图】对话框（旋转剖视图）

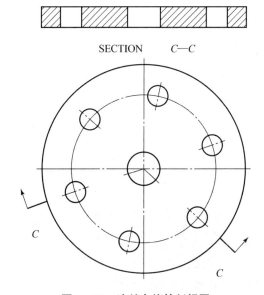

图 7 – 20 法兰盘旋转剖视图

打开支持文件 "7 – 2. prt"，如图 7 – 12 所示，其为一法兰盘俯视图。将鼠标放置于俯视图的边框位置，待边框高亮显示时，单击鼠标右键选择【添加投影视图】命令，将投影的主视图放置于正上方。再将鼠标放置于主视图边框处，待边框高亮显示时，单击鼠标右键选择【活动草图视图】命令。

这是生成局部剖视图的关键步骤，这使下一步绘制的局部剖切范围线是属于主视图内部的曲线，曲线是能够被视图所识别的。如果不做这一步，直接绘制局部剖切范围线，则它是处于主视图之外的曲线，也即曲线与视图是并列关系，它们之间相互独立，视图并不识别曲线，曲线无法充当局部剖切范围线。

（2）绘制局部剖切范围线。

选择【菜单】→【插入】→【草图曲线】→【艺术样条】命令，弹出【艺术样条】对话框，如图7-21所示。勾选"参数化"栏中的"封闭"复选框，然后在要进行局部剖切的位置处单击3个点围成封闭曲线，封闭曲线的范围即生成局部剖视图的区域，如图7-22所示。

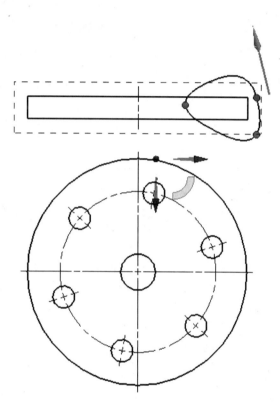

图7-21 【艺术样条】对话框   图7-22 局部剖切范围线的绘制

（3）选择【菜单】→【插入】→【视图】→【局部剖】命令，弹出【局部剖】对话框，单击选择要生成局部剖视图的主视图，【局部剖】对话框变成图7-23所示样式。

（4）定义基点，即确定剖切位置点。

在俯视图中单击选择最右侧孔圆心点。

这一步不容易理解，要反映俯视图最右侧孔的内部结构时，需要剖切，剖切的信息不在俯视图中表达，而在另一个视图，即主视图中表达。只表达一个孔的内部结构，局部剖切即可。那么要剖切最右侧的孔，剖切位置点在哪里呢？也即剖刀入切的位置在哪里呢？剖切位置点应该在孔的圆心点比较理想，此时剖在孔的直径方向，能够将孔剖全。因此，在这一步中，剖切位置点是在俯视图中确定的，而无法在生成局部剖视图的主视图中确定。假如单击选择的剖切位置点偏离了最右侧孔的圆心位置，但仍在孔的内部，则生成的局部剖视图反映孔的边缘线将会变窄，读者可自行试做观察。

（5）在【局部剖】对话框中，单击"选择曲线"按钮 🖐，在主视图上选择刚才绘制的局部剖切范围线，然后单击"应用"按钮，完成局部剖视图的制作，如图 7 – 24（a）所示。最后单击"取消"按钮，退出对话框。

图 7 – 24（b）所示为生成的法兰盘最上方孔的局部剖视图，请读者自行练习操作。

图 7 – 23　【局部剖】对话框

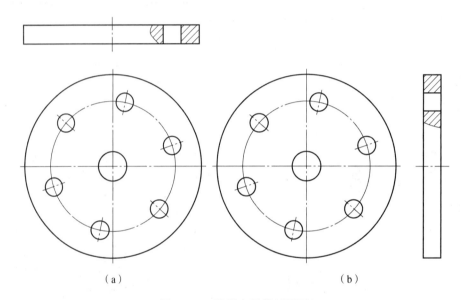

（a）　　　　　　　　　　　　　　　　　　（b）

图 7 – 24　法兰盘局部剖视图

6. 立体全剖视图

 应用案例 7 – 6　制作立体全剖视图

（1）打开支持文件"7 – 2. prt"，如图 7 – 12 所示，为一法兰盘俯视图。新建一个用于生成立体剖视图的正等测视图（或正三轴测视图）。选择【菜单】→【插入】→【视图】→【基本】命令，弹出图 7 – 3 所示的【基本视图】对话框，在"模型视图"栏中选择"正等测图"放置于法兰盘俯视图的正右侧，如图 7 – 25 所示。

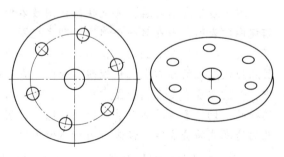

图 7 – 25　法兰盘俯视图与正等测视图

（2）选择【菜单】→【插入】→【视图】→【轴测剖】命令，弹出【轴测图中的简单剖/阶梯剖】对话框，如图7-26所示。单击选择法兰盘俯视图，再单击"剖视图方向"按钮 ⁄↑▾，选择YC轴 ᵞᶜ，再单击"应用"按钮。

这一步选择的方向是指视图剖切之后向哪个方向投影，投影方向确定了，实际上剖切方位也就确定了，是垂于投影方向的。

（3）单击"剖视图方向"按钮 ⁄↑▾，选择ZC轴 ↑ᶻᶜ，单击"应用"按钮。

这一步选择的方向是指剖刀沿着ZC轴方向垂直向下剖切的，而非倾斜一定的角度。

（4）此时弹出图7-6所示的【截面线创建】对话框，单击"切割位置"单选按钮，单击选择法兰盘俯视图的中心孔圆心点，再单击"确定"按钮。

（5）此时又回图7-26所示的【轴测图中的简单剖/阶梯剖】对话框，在位于中间的选择栏中单击选择"剖切现有视图"，单击选择最初新建的正等测视图，完成立体视图的剖切，如图7-27（a）所示。

立体视图的剖切操作复杂一些，要理解并掌握，其制图技巧是"在二维视图中操作，在三维视图中生成"。初学者要注意投影方位、剖切方位、下切方位的选择以及正、反向，在操作时可以在视图中带着基准坐标系以便于理解。

图7-27（b）所示为剖切位置中心点，投影方位为负XC轴，剖切方位为YC轴，剖刀下切方向为ZC轴的立体全剖视图，请读者自行练习操作。

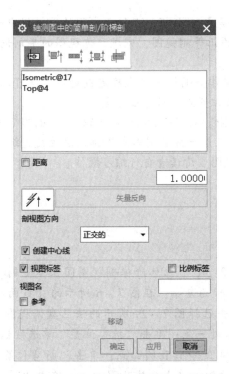

图7-26 【轴测图中的简单剖/阶梯剖】
        对话框

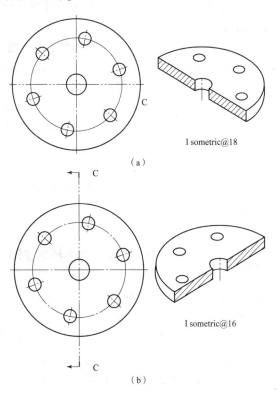

图7-27 法兰盘立体全剖视图

7. 立体半剖视图

应用案例7-7 制作立体半剖视图

（1）打开支持文件"7-2.prt"，如图7-12所示，为一法兰盘俯视图。新建一个用于生成立体剖视图的正等测视图（或正三轴测视图）。选择【菜单】→【插入】→【视图】→【基本】命令，弹出图7-3所示的【基本视图】对话框，在"模型视图"栏中选择"正等测图"放置于法兰盘俯视图的正右侧，如图7-25所示。

（2）选择【菜单】→【插入】→【视图】→【半轴测剖】命令，弹出图7-5所示的【轴测图中的半剖】对话框，单击选择法兰盘俯视图，单击"剖视图方向"按钮 $\boxed{\text{⭘↑}}$，选择 YC 轴 ^{YC}，再单击"应用"按钮。

这一步确定视图剖切之后的投影方向为 YC 轴正向，同时，与之垂直的方向（XC 轴）为剖切方向。

（3）单击"剖视图方向"按钮 $\boxed{\text{⭘↑}}$，选择 ZC 轴 $^{\text{↑ZC}}$，单击"应用"按钮，确定剖刀入切方向为沿着 ZC 轴方向。

（4）此时弹出图7-6所示的【截面线创建】对话框，单击"切割位置"单选按钮，单击选择法兰盘俯视图最右侧孔圆心点，再单击"箭头位置"单选按钮，单击刚才选择的圆心点偏离法兰盘边缘外的一点即可，再单击"折弯位置"单选按钮，单击法兰中心孔圆心点，再单击"确定"按钮。

（5）此时又回到图7-5所示的【轴测图中的半剖】对话框，在位于中间的选择栏中选择"剖切现有视图"选项，最后单击选择最初新建的正等测视图，完成立体视图的半剖切，如图7-28（a）所示。

立体半剖视图的制作类似于全剖视图的制作，制作全剖视图只需确定剖切位置点可以，而制作半剖视图需要确定3个点：剖切位置点、箭头位置点和折弯位置点。

图7-28（b）所示为选择的剖切投影方位为负 XC 轴，即剖切方位为 YC 轴，剖刀下刀方位为 ZC 轴，剖切点为最下方孔圆心点，箭头位置在最下方孔圆心点下偏离法兰盘边缘的一点，折弯位置为中心孔的圆心点生成的立体半剖视图。请读者自行练习操作。

8. 立体阶梯剖视图

应用案例7-8 制作立体阶梯剖视图

仍使用立体全剖视图制作的例子支持文件"7-2.prt"。立体阶梯剖视图同立体全剖视图使用同一命令，操作步骤相同，在第（4）步操作较为复杂：在图7-6所示的【截面线创建】对话框中，单击"切割位置"单选按钮，单击选择图7-29所示的法兰盘俯视图2处孔的圆心点，单击"箭头位置"单选按钮，单击1处一点；单击"折弯位置"单选按钮，单击3处一点；单击"切割位置"单选按钮，单击4处中心孔圆心点；单击"折弯位置"单选按钮，单击5处一点；单击"切割位置"单选按钮，单击6处孔圆心点；单击"箭头位置"单选按钮，单击7处一点；最后单击"确定"按钮，完成阶梯剖切线的设置。其余步骤与全剖视图的制作相同，这里不做赘述。图7-29所示为制作完成的阶梯剖视图。

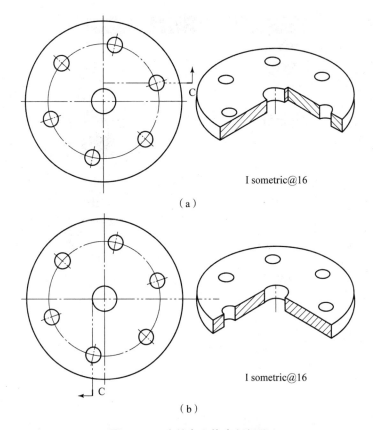

I sometric@16

（a）

I sometric@16

（b）

图7-28 法兰盘立体半剖视图

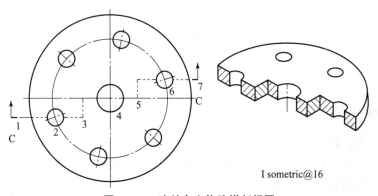

I sometric@16

图7-29 法兰盘立体阶梯剖视图

7.3.5 局部放大图

为了看清较细微的图纸局部细节，经常使用局部放大图。

选择【菜单】→【插入】→【视图】→【局部放大图】命令，弹出【局部放大图】对话框，如图7-30所示。在视图中单击选择需要局部放大的细节范围，可以圆形选择，也可矩形选择，再设置放大的比例，然后将局部放大图单击放置到图纸上合适的位置。

图 7 – 30 【局部放大图】对话框

7.3.6 断开视图

对于细长杆形状的零件，按比例实际出图时，图幅过大，会造成图纸浪费。因此，对于径高比、纵深比、长宽比过大的轴类、杆类零件，通常采用断开视图，将中间相同信息特征的部分省略掉，通过标注尺寸表达即可。

 应用案例7 – 9 绘制断开视图

（1）打开支持文件"7 – 3. prt"，如图 7 – 31 所示。选择【菜单】→【插入】→【视图】→【断开视图】命令，弹出【断开视图】对话框，如图 7 – 32 所示。

（2）单击选择该顶杆视图，在"断裂线 1"

图 7 – 31 顶杆

栏中通过"曲线/边上的点" 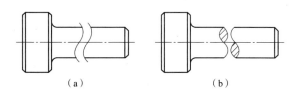 的方法，在细长杆边线靠近左侧单击一点，再在"断裂线 2"栏中通过"曲线/边上的点" 的方法，在细长杆边线靠近右侧单击一点，最后单击"确定"按钮，完成断开视图的绘制，如图 7-33 所示。不同的断开视图表现形式可在"设置"栏中通过改变调整断开线的式样、宽度、长度等参数获得，请读者试做观察。

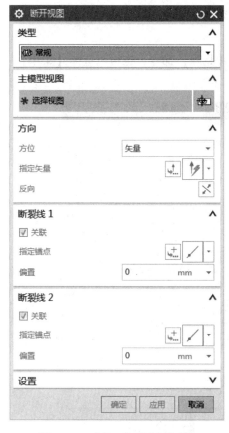

图 7-32 【断开视图】对话框

图 7-33 顶杆断开视图

（a）　　　　　　（b）

7.3.7 视图的管理

视图的管理是对已有的视图进行式样编辑，以及复制、粘贴、删除等操作。

1. 视图式样编辑

将鼠标放置于某一视图的边缘附近，会显示出视图的边界，双击弹出【设置】对话框，如图 7-34 所示，此时可对该视图进行式样编辑，例如单击打开"角度"栏，可输入角度值调整视图放置的角度，视图调整角度仍遵循右手旋转法则；单击打开"可见线"栏，可设置可见线的线型和线宽；单击打开"隐藏线"栏，可设置隐藏线是否显示以及显示的线型和线宽；单击打开"着色"栏，可设置视图是否着色显示，等等。

视图式样编辑也可以选中视图边界，单击鼠标右键选择【设置】命令，或选择【菜单】→【编辑】→【设置】命令进行编辑。

2. 视图复制与粘贴

单击视图边界，单击鼠标右键选择【复制】命令，再在图纸空白处，单击鼠标右键选择【粘贴】命令，可实现对视图的复制与粘贴操作。视图复制后可以在本张图纸中粘贴，也可以在该实体模型中的另一张图纸中粘贴，这大大方便了视图编辑修改前的副本保存以及图纸之间对不同视图的参考引用。

视图复制与粘贴也可以通过选择【菜单】→【编辑】→【复制】/【粘贴】命令完成。

3. 视图删除

单击视图边界，按 Delete 键，或单击鼠标右键选择【删除】命令，也可以选择【菜单】→【编辑】→【删除】命令，删除该视图。

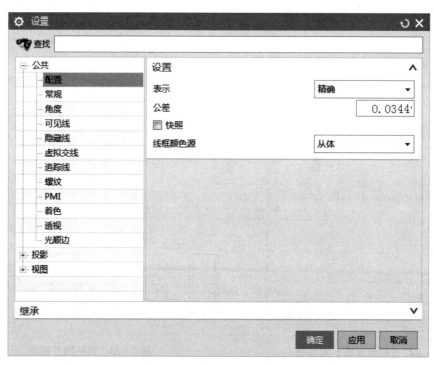

图 7-34 【设置】对话框

7.4 图纸标注

图纸标注包括尺寸标注、形位公差标注、粗糙度标注、文本标注、标题栏制作等内容。

7.4.1 尺寸标注

选择【菜单】→【插入】→【尺寸】命令，弹出【尺寸】子菜单，如图 7-35 所示，共有 9 种尺寸标注方法供选择，可以标注水平、竖直、径向、角度、弧长等尺寸。

比如进行线性尺寸标注，打开【线性尺寸】对话框，如图 7-36 所示。在"参考"栏中可选择标注的起始点和终止点；在"原点"栏中单击选择尺寸放置的位置；在"测量"

栏中可选择尺寸标注的方式，比如水平或竖直等；在"设置"栏中单击"设置"按钮 ，弹出【设置】对话框，如图7-37所示，可以对该尺寸进行式样调整、添加前/后缀、添加公差、添加文本等操作。

图7-35 【尺寸】子菜单

图7-36 【线性尺寸】对话框

尺寸标注完成之后，如果不合适，双击尺寸可以回到原来尺寸标注的命令状态，进行位置、方式、公差、前/后缀等的调整修改。

在尺寸标注中，尺寸的数值是根据实体模型参数自动识别的，尺寸标注和通常的双击编辑是不能改动尺寸数值的。假如图纸中有的尺寸数值确实需要修改，又不想改动实体模型的实际尺寸，可以进行尺寸数值的强制修改。

选择【菜单】→【编辑】→【注释】→【文本】命令，弹出【文本】对话框，如图7-38所示。单击需要修改的尺寸，改动文本框中的数值即可。在修改尺寸时会弹出【尺寸值关联】提示框，如图7-39所示，单击"确定"按钮即可。对尺寸的强制修改不建议使用，一方面，尺寸的强制修改使图纸标注不能真实地反映实体模型的尺寸参数，容易产生识图误解；另一方面，尺寸的强制修改使与之相关的尺寸关联和尺寸驱动功能失效，降低了工程制图的智能性。

图7-37 【设置】对话框

图7-38 【文本】对话框

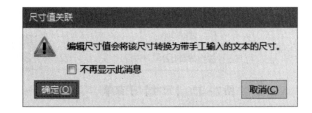

图7-39 【尺寸值关联】提示框

7.4.2 形位公差标注

形位公差标注是对视图进行形状公差和位置公差的标注。形状公差有直线度、平面度、圆柱度等类型；位置公差有对称度、同轴度、垂直度、平行度等类型。

选择【菜单】→【插入】→【注释】→【特征控制框】命令，弹出【特征控制框】对话框，如图7-40所示。在"特性"下拉列表中选择一种形状公差或者位置公差，输入公差值，如果是回转实体形状，要注意公差值前应带有"φ"或"Sφ"；对于位置公差，还要设定参考的基准；然后将形位公差框拖动到合适的位置，按住鼠标左键不松开，将形位公差框拉出至合适的位置释放左键，再一次单击即可。

对于位置公差标注，首先要确定参考基准。选择【菜单】→【插入】→【注释】→

【基准特征符号】命令，弹出【基准特征符号】对话框，如图 7 - 41 所示，输入基准符号，将基准符号拖动到需要标识的位置，按住鼠标左键不松开，将基准符号拉出至合适的位置释放鼠标左键，再一次单击即可标注该位置基准。基准符号可以设定，也可以按顺序识别默认。

图 7 - 40 【特征控制框】对话框

图 7 - 41 【基准特征符号】对话框

7.4.3 粗糙度标注

零件图纸中粗糙度是不可缺少的一项标注，标记零件不同表面的加工要求，决定了不同的加工工艺。

选择【菜单】→【插入】→【注释】→【表面粗糙度符号】命令，弹出【表面粗糙度】对话框，如图 7 - 42 所示。在"属性"栏中选择表面去除材料的方法，包括去除材料方法、不去除材料方法和自由的方法。输入文本"a2"值，其余文本根据需要选择输入。根据不同表面的标注，需要在"设置"栏中调整粗糙度放置的方向角度，各项设置调整完成后将其单击放置于图纸上合适的位置。

7.4.4 中心线

在图纸上经常需要添加中心线作为参考。

选择【菜单】→【插入】→【中心线】命令，弹出【中心线】子菜单，如图 7-43 所示，可以对单个圆、圆周布置的多个圆、两条边线的中心、回转实体的中心等添加中心线。

图 7-42 【表面粗糙度】对话框

图 7-43 【中心线】子菜单

7.4.5 文本标注

图纸中的技术要求、文字说明、图纸的标题栏文字以及明细栏文字都需要文本标注。

选择【菜单】→【插入】→【注释】→【注释】命令，弹出【注释】对话框，如图7-44所示。在"格式设置"栏中选择一种文本格式，通常选择 chinese 的4种能够支持汉字的格式，然后在文本框中输入需要标注的文本，单击放置于图纸中合适的位置。文本的式样、大小等可以单击"设置"按钮 进行调整。

图7-44 【注释】对话框

7.4.6 标题栏

标题栏有产品名称、材料、公司名称、图纸设计人员、装配零件明细等信息，其表格通常用草图曲线绘制。

选择【菜单】→【插入】→【草图曲线】命令，弹出草图曲线绘制与操作菜单栏，其中常用的为【直线】╱ 直线(L)...、【矩形】□ 矩形(R)...、【派生直线】╲ 派生直线(I)...命令。

选择【菜单】→【编辑】→【草图曲线】命令，弹出草图曲线编辑菜单栏，常用的为【快速修剪】╳ 快速修剪(Q)...和【快速延伸】╳ 快速延伸(X)...命令。

标题栏通过草图曲线绘制编辑完成之后，选择【菜单】→【文件】→【完成草图】命令，完成标题栏的草图绘制并退出草图环境回到制图状态。

7.4.7 图纸模板

不同的公司企业会有自己的制图规范、制图风格，其工程图纸也有特定的标题栏格式，并带有厂企标志，这就需要制定图纸模板，使工程出图规范化、统一化。

图纸模板制作完成后，只需调用即可，调用图纸模板也使工程制图更加方便快捷，不需要对每张图纸单独绘制标题栏等统一的信息。

应用案例7－10　4号图纸模板的制作与调用

（1）新建一模型文件，定义名称为"A4.prt"，所属模块为"模型"，此时进入建模环境，然后选择【应用模块】→【制图】命令，切换进入制图环境。

（2）新建一张4号图纸。

选择【菜单】→【插入】→【图纸页】命令，弹出图7－2所示的【工作表】对话框，设置图幅大小为A4，单位为毫米，采用"第一角投影"方式。

（3）绘制图纸边框。

按国标4号图纸边框距离边缘均为10 mm，选择【菜单】→【插入】→【草图曲线】→

【矩形】命令，在动态坐标栏中均输入"10" | XC 10 | YC 10 |，按 Enter 键，这是设置矩形的起

点坐标值；拖动鼠标到图纸右上角，在动态坐标栏中输入宽度"277"、高度"190"

| 宽度 277 | 高度 190 |，按 Enter 键。这样通过两对角点在图纸中央绘制了长、宽分别为277 mm、

190 mm 的矩形边框。

（4）制标题栏。

按图7－45所示尺寸，通过草图曲线的【直线】命令、【直线派生】命令、【快速修剪】命令、【快速延伸】命令，在图纸右下角绘制简易标题栏。注意标题栏的线宽通过【菜单】→【编辑】→【对象显示】命令调整，外边框线宽为0.7 mm，内部的分格线线宽为0.35 mm。

（5）添加标题栏文本和技术要求文本。

选择【菜单】→【插入】→【注释】→【注释】命令，按要求在标题栏中添加文本，在图纸中添加技术要求文本，注意添加的文本大小要合适。

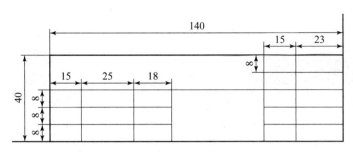

图 7 - 45 标题栏表格

（6）添加厂企标志。

选择【菜单】→【插入】→【图像】命令，可选择厂企标志，放置到单位名称处。

绘制完成的4号图纸模板如图7-46所示。

（7）调用图纸模板。

图纸模板制作完成后保存退出。工程制图需要调用时，在相同图纸型号的状态下，选择【文件】→【导入】→【部件】命令，找到刚才保存的"A4. prt"图纸模板，一直单击"确定"按钮即可。

这种图纸模板的制作与调用方法灵活、实用，最大的优点是可以对模板内容进行编辑修改，特别是针对装配图纸的明细栏，不同的装配图纸，标注零件的个数不一样，假如图纸模板不能编辑修改，会造成很大的被动。图纸模板调用进来之后，只需双击原来的内容，即可进行重新编辑。另外，图纸模板的调用可以在图纸绘制的任意时刻进行，与图纸视图等内容无先后顺序之分，不影响显示，自由灵活，方便快捷。

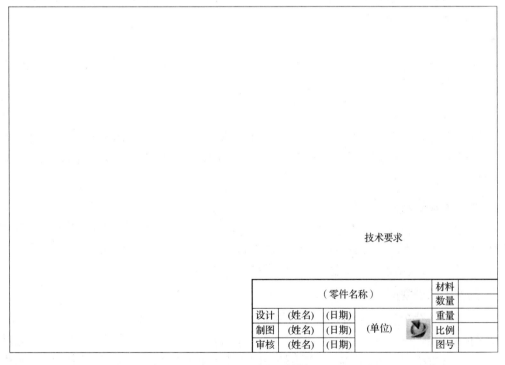

图 7 - 46 4号图纸模板

7.5 综合实例

设计要求

创建底盘零件的二维工程图纸，底盘零件实体模型如图7-47所示。

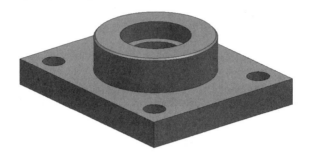

底盘零件
工程图制作

图7-47 底盘零件实体模型

设计思路

通过尺寸分析，底盘零件不大，可以1:2缩小的比例在4号图纸中绘制视图。零件结构简单，具有内部孔腔特征，可以用俯视图和主视图的阶梯剖视图表达。

制作步骤

1. 切换至制图模块

打开支持文件"7-4. prt"，如图7-47所示，选择【应用模块】→【制图】命令，由建模环境切换进入制图环境。

2. 新建4号图纸

选择【菜单】→【插入】→【图纸页】命令，弹出【工作表】对话框，按图7-2所示进行设置。

3. 调用图纸模板

选择【文件】→【导入】→【部件】命令，找到"A4. prt"图纸模板，一直单击"确定"按钮即可。其中弹出图纸模板放置的【点】对话框时，要确保"输出坐标"栏的X、Y值均为0。

4. 创建底盘俯视图和主视图

选择【菜单】→【插入】→【视图】→【基本】命令，弹出图7-3所示的【基本视图】对话框，按图示设置，然后用鼠标将底盘俯视图单击放置在图纸偏左下方位置，单击"关闭"按钮退出对话框。此时图纸式样如图7-48所示。

5. 创建阶梯剖视图

（1）选择【菜单】→【插入】→【视图】→【剖视图】命令，弹出图7-13所示的【剖视图】对话框。在"截面线"栏的"方法"下拉列表中选择"简单剖/阶梯剖"选项。

（2）单击激活"父视图"栏，单击选择图纸中的底盘俯视图为进行阶梯剖切的视图。

（3）在"铰链线"栏的"矢量选项"下拉列表中选择"已定义"选项，单击"指定矢

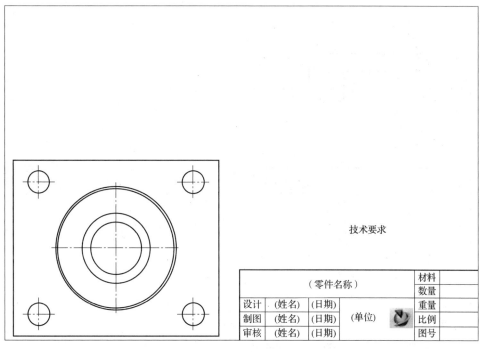

图 7 – 48　添加底盘俯视图

量"右侧下拉按钮 ，选择工作坐标系 XC 轴 ，调整剖切线的放置箭头向上。

（4）单击激活"截面线段"栏，指定底盘左下方小孔的圆心为第一个剖切位置点，再一次单击激活"截面线段"栏，指定底盘中心孔的圆心为第二个剖切位置点，再单击选择底盘右上方的小孔圆心为第三个剖切位置点。

（5）单击激活"视图原点"栏的"指定位置"栏，然后移动鼠标将阶梯剖视图单击放置于垂直上方的位置，如图 7 – 49 所示。假如剖切后出现孔剖切不全的情况，双击剖切线进行调整，参见 7.3.4 节。剖切自带的标识文字及字母可以鼠标右键子菜单隐藏，这里不需要。

6. 尺寸标注

选择【菜单】→【插入】→【尺寸】→【线性】命令，弹出图 7 – 36 所示的【线性尺寸】对话框，在"测量"栏的"方法"下拉列表中选择 圆柱式 、 竖直 、 水平 选项，分别标注圆柱直径尺寸、竖直尺寸和水平尺寸。

4 个螺栓孔尺寸前标的"4 – "是在弹出的尺寸动态设置框  中输入的。该标注为附属标注，默认的有些小，单击【线性尺寸】对话框中的"设置"按钮 ，弹出【设置】对话框，如图 7 – 50 所示，在该对话框中可以调整附加文本"4 – "的大小。

中心孔直径的正、负尺寸公差也是在弹出的动态设置框  中设置的。

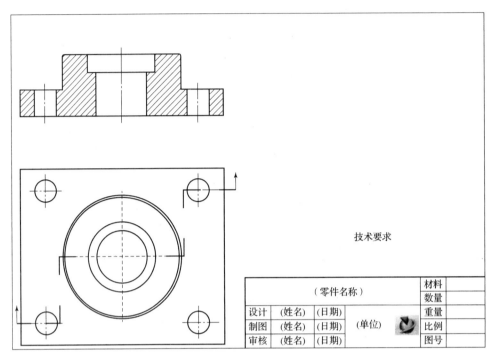

图 7 -49　生成底盘阶梯剖视图

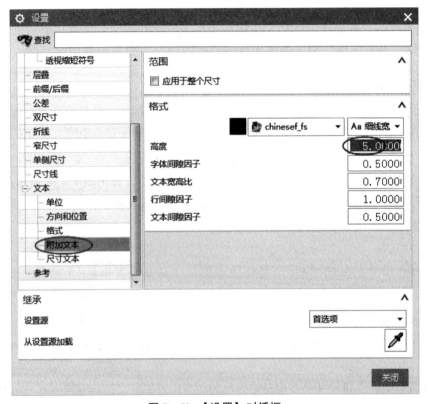

图 7 -50　【设置】对话框

7. 形位公差标注

（1）选择【菜单】→【插入】→【注释】→【基准特征符号】命令，弹出图 7 - 41 所示的【基准特征符号】对话框，设置基准符号为 A。将基准符号拖动到主视图的底边偏右位置，按下鼠标左键不松开，将基准符号拉出至合适的位置释放鼠标左键，再一次单击标注该位置基准 A。

（2）选择【菜单】→【插入】→【注释】→【特征控制框】命令，弹出【特征控制框】对话框，如图 7 - 51 所示。将形位公差框拖动到主视图右侧顶边合适位置，然后按下鼠标左键不松开，将形位公差框拉出至合适的位置释放鼠标左键，再一次单击即可。控制框初始放置引线不正时，可以再次单击拖动调整放正。

8. 粗糙度标注

选择【菜单】→【插入】→【注释】→【表面粗糙度符号】命令，弹出【表面粗糙度】对话框，如图 7 - 52 所示，将粗糙度单击放置于中心孔的立边上。

用同样的操作将"a2"值为"3.2"的粗糙度放置于图纸的右上角。

图 7 - 51 【特征控制框】对话框

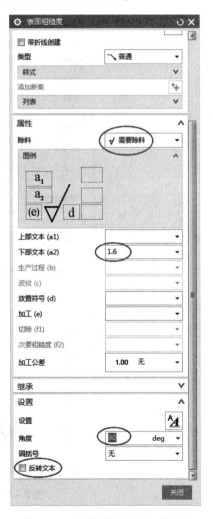

图 7 - 52 【表面粗糙度】对话框

9. 文本标注

选择【菜单】→【插入】→【注释】→【注释】命令，弹出【注释】对话框，按图 7-53 所示设置文本的格式和字号，在文本框中输入文字"其余"，单击放置在图纸右上角粗糙度的左侧。用同样的操作方法，添加技术要求和标题栏的零件名称、材料、比例等文本。

绘制完成的底盘零件工程图纸如图 7-54 所示。

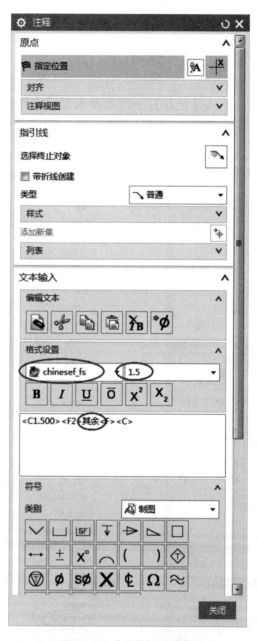

图 7-53 【注释】对话框

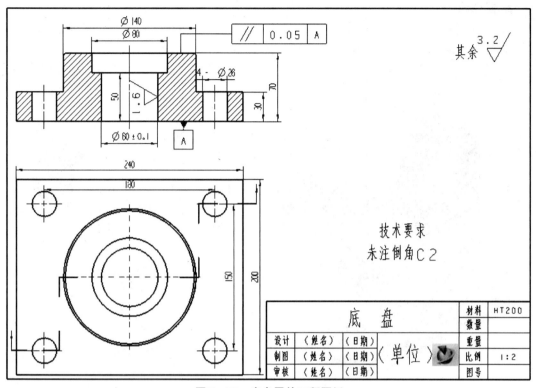

图 7 - 54　底盘零件工程图纸

本章小结

本章介绍了工程图纸的创建与管理、视图的创建与管理以及图纸标注 3 个方面的内容。视图的设计与制作是本章的重点内容，要熟练掌握基本视图、投影视图、自定义视图、全剖视图、半剖视图、阶梯剖视图、旋转剖视图、局部剖视图、立体剖视图、局部放大图、断开视图的设计创建，特别对立体剖视图制作过程中的放置方位、剖切方位、入切方位要理解透彻，灵活运用。图纸标注内容丰富，设置繁杂，需要读者在图纸绘制过程中不断积累，逐渐熟悉相关细节的操作与调整方法。

思考与练习

1. 思考题

（1）图纸标注包括哪些内容？

（2）如何使用自定义视图？

（3）简述制作局部剖视图的关键步骤。

（4）常用的剖视图有哪些类型？

（5）一个实体模型的多张图纸如何打开和切换？

（6）简述制作图纸模板的步骤。

2. 操作题

（1）如图 7 – 55 所示为泵壳实体模型与正三轴测视图，请制作立体半剖视图，如图 7 – 56 所示，表达泵壳内部孔腔结构，支持文件为"7 – 5. prt"。

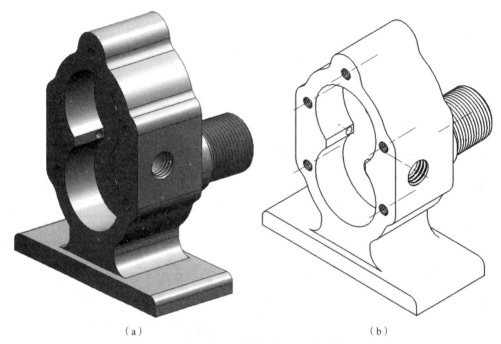

（a）　　　　　　　　　　　　　　（b）

图 7 – 55　泵壳实体模型与正三轴测视图

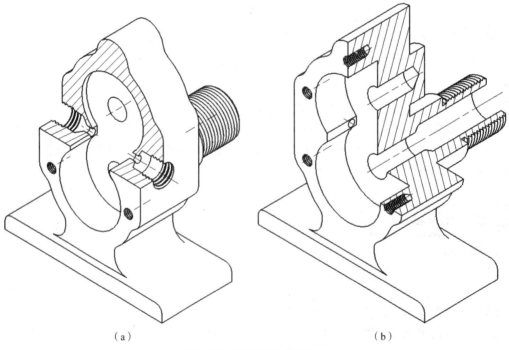

（a）　　　　　　　　　　　　　　（b）

图 7 – 56　泵壳立体半剖视图

（2）制作如图7-57所示的压盖零件的二维工程图纸，使用图纸模板"A4. prt"和支持文件"7-6. prt"。

图7-57 压盖零件实体模型

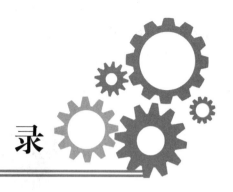

附　录

三维 CAD 应用工程师资格考试

考题序号	一、理论试题				二、上机操作试题				总分
	1	2	3	4	1	2	3	4	
得分									
评分员									

考试要求：

（1）考试时间为 180 分钟；

（2）理论试题在试卷卷面上作答；

（3）每位考生以姓名全称拼音在计算机 D 盘根目录下建立文件夹，然后按题目要求在计算机上完成上机操作试题，每个试题以题目序号为名字保存在新建的文件夹内；

（4）考生严格遵守机房考场纪律，考生不允许携带 U 盘、手机等存储传输设备，一经发现取消考试资格；

（5）考生不要在试卷上乱写乱画，以免影响考试成绩。

一、理论试题（20 分）

1. 填空题（每题 0.5 分，共 5 分）

（1）UG NX 是致力于完成_____、CAE、CAM 三大任务的计算机辅助工程软件。

（2）草图绘制是通过尺寸约束和_____来确定图形的形状和相互之间的位置关系。

（3）通用建模状态下通常有四类绘图基准：基准点、_____、基准平面和基准坐标系。

（4）实体的布尔运算包括：求合集、求差集、_____三种。

（5）扫描特征是一种通过二维图形生成三维实体的方法，包括拉伸、回转和_____三种类型操作。

（6）附着于实体的特征编辑包括编辑参数、_____、编辑面内位置三个方面。

（7）样条曲线的阶次用于判断曲线的复杂程度，绘制 3 阶次样条曲线，其控制点的个数至少为_____个。

（8）为便于对象的管理与编辑，UG NX 为每个文件提供了_____个图层进行选择与设置。

（9）实体装配有自底向上装配、_____和混合装配三种方法。

（10）工程图的工作表对话框中，系统提供的投影角度有_____和第三视角投影两种方式。

2. 选择题（每题 0.5 分，共 5 分）

（1）在创建点或直线时，利用跟踪条对话框中的文本框可以获得点位置或直线的长度，其中按_____可以在不同文本框中切换值的输入。

A. Tab 键　　　　　　　B. Enter 键　　　　　　C. Esc 键　　　　　　D. Alt 键

（2）鼠标中键滚轮的作用是_____。

A. 选择对象　　　　　　　　　　　　B. 仅确定操作

C. 仅旋转视图　　　　　　　　　　　D. 确定操作、缩放和旋转视图

（3）_____命令可以生成一条直线的平行线或两条直线的中分线。

A. 派生直线　　　　B. 偏置直线　　　　C. 配置文件　　　　D. 直线

（4）_____是根据一定的规律或按用户定义的公式建立的样条曲线，它表现为 X，Y，Z 坐标值的变化规律。

A. 二次曲线　　　　B. 规律曲线　　　　C. 样条曲线　　　　D. 截面曲线

（5）建立键槽设计特征需要定义水平参考，该水平参考是指_____。

A. 键槽宽度方向　　　　　　　　　　B. 键槽深度方向

C. 键槽长度方向　　　　　　　　　　D. 键槽高度方向

（6）可以分别通过顶面与底面截面形状曲线生成凸台的操作命令是_____。

A. 凸台　　　　　　B. 凸起　　　　　　C. 垫块　　　　　　D. 偏置凸起

（7）通过_____工具可以控制哪些约束在构造草图曲线过程中被自动判断并创建，从而减少在绘制草图后添加约束的工作量，提高绘图效率。

A. 自动约束　　　　　　　　　　　　B. 尺寸约束

C. 显示/移除约束　　　　　　　　　　D. 自动判断约束设置

（8）在创建_____剖视图时，需要首先绘制出该剖视图的剖视范围曲线。

A. 旋转　　　　　　B. 局部　　　　　　C. 半剖　　　　　　D. 展开

（9）在曲线或曲面的桥接操作中，交接处的连续性为 G1 表示在连接处_____。

A. 斜率相等　　　　B. 曲率半径相等　　　C. 直接相交　　　　D. 光滑链接

（10）一个也可以用作在高一级装配内的组件对象的装配叫作_____。

A. 子装配　　　　　B. 对象组　　　　　　C. 零件　　　　　　D. 子组件

3. 判断题（每题 0.5 分，共 5 分）

1. 同一张草图的不同图形元素可以设置放于不同的图层内。（　　　）

2. UG NX 的工作坐标系是唯一的，可以根据需要进行调整。（　　　）

3. 空间曲线可以通过草图投影变为草图曲线。（　　　）

4. 草图的重新附着是指把其中的部分图形元素移动到另一张草图内。（　　）

5. 由极点创建样条曲线时，该曲线经过所有的极点。（　　）

6. 对不封闭的曲线进行拉伸操作只能生成曲面。（　　）

7. 对齐约束是约束两组件共面法线方向相反。（　　）

8. 同一实体模型可以创建多张二维工程图。（　　）

9. 主曲线与交叉曲线必须绝对相交才能构建网格曲面。（　　）

10. 一个装配体模型只能创建一个爆炸图。（　　）

4. 简答题（5分）

UG NX 建模环境中有哪几类坐标系？它们各有什么特点？

二、上机操作试题（80分）

1. 按图示尺寸绘制草图曲线。（10分）

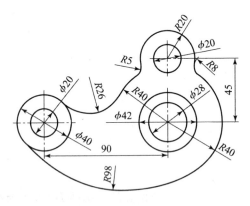

2. 按图示尺寸创建20齿棘轮轴三维实体模型。（20分）

已知棘轮轮廓线表达式为

$$x = a\sin \alpha$$

$$y = a\cos \alpha$$

$$z = (b/2)\sin(c\alpha)$$

其中，$\alpha = 0 \sim 360°$；a 为棘轮廓线半径；b 为棘轮齿高（齿底到齿顶）；c 为棘轮齿数。

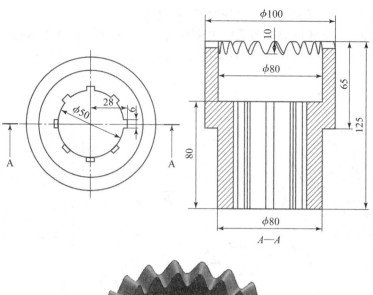

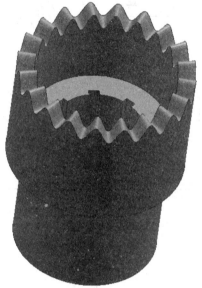

3. 创建等径三通模型，三通管道夹角均为 120°，管道外径为 100 mm，壁厚为 5 mm，每段管道直管段长为 50 mm，距中心总长为 150 mm。（20 分）

4.（1）按图示尺寸创建基座三维实体模型。（20 分）

（2）将基座三维实体模型按图示样式转换成二维工程图，并按图示标注。图纸图幅大小为 A4，边框距离边缘 5 mm，标题栏小格高 7 mm、宽 15 mm。（10 分）

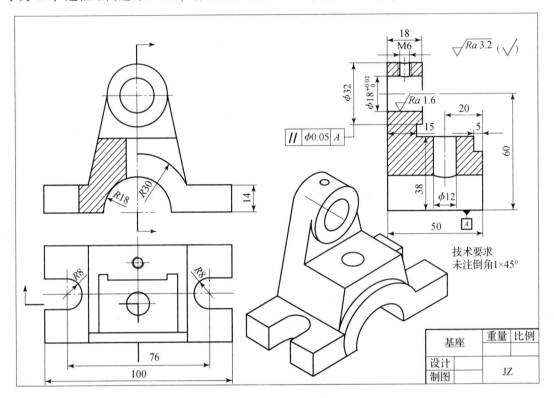

技术要求
未注倒角1×45°

基座		重量	比例
设计			JZ
制图			